金商道

The positive thinker sees the invisible, feels the intangible, and achieves the impossible.

惟正向思考者，能察於未見，感於無形，達於人所不能。 —— 佚名

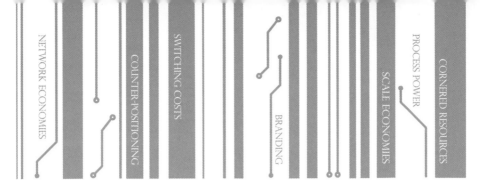

7 POWERS THE FOUNDATIONS OF BUSINESS STRATEGY

7大市場力量
商業策略的基礎

HAMILTON HELMER
漢米爾頓‧海爾默 ————— 著 李芳齡 ————— 譯

PART I 策略靜態學

CHAPTER 1 規模經濟：大小很重要 046

PART II 策略動態學

競爭者激發的動人價值：索尼 PlayStation ／結論

CHAPTER 9
市場力量進程：「何時」轉變，轉變，轉變　204

英特爾：從無到有／從發明到市場力量／市場力量進程：起飛階段
市場力量進程時鐘／市場力量進程：起始階段／市場力量進程：穩定階段
四種障礙的時間特性／市場力量種類的資料分析
動態學與靜態學的差異／結論：策略羅盤與七種市場力量

國際好評

「海爾默是最優秀的大思想家，提供你能夠在真實世界裡轉化為行動的精闢洞察。在聲破天公司討論新行動方案時，我們廣用本書。海爾默精煉出策略性市場力量的主要種類，說明如何建立、如何利用以及如何維持它們，建構了公司每一個階段都能使用的絕佳工具箱。」

——聲破天公司（Spotify）共同創辦人暨執行長丹尼爾·艾克（Daniel Ek）

「競爭無比激烈，人人都試圖搶食你的午餐，若不閱讀本書，你將死得更快。」

——網飛公司（Netflix）共同創辦人暨執行長里德·海斯汀（Reed Hastings）

「本書提出一個清晰、令人信服且精闢的架構，幫助你思考持久的競爭優勢源頭。海爾默引據三十年的經驗，剖析公司如何建立市場力量，形塑所屬的產業，並且佐以生動有趣且甚具啟發的實例。」

——史丹佛大學商研所所長強納生·雷文（Jonathan Levin）

「海爾默了解策略始於發明，他無法告訴你要發明什麼，但他能教你如何把一項新發明變成一個很有價值的事業。」

——創業家暨投資人彼得‧提爾（Peter Thiel）

「本書為所有負責研擬策略的企業人士提供重要指導。從海爾默擔任奧多比公司的策略顧問到現在，我認識他已超過十年，我很高興看到他出版此書，分享他原創、令人信服的事業策略洞察。」

——奧多比公司（Adobe）前任執行長布魯斯‧齊增（Bruce Chizen）

「海爾默是一位很有深度的思想家，他在熱情與優良事業之間建立一個令人信服的連結，他的思想縝密、聰慧且往往具有挑戰性。我總是期待聽到他的見解。」

——皮克斯動畫工作室（Pixar）導演彼得‧達克特（Pete Docter）
憑《天外奇蹟》（*Up*）、《腦筋急轉彎》（*Inside Out*）、及
《靈魂急轉彎》（*Soul*）三部影片獲得三座奧斯卡金像獎

「英明地作出少數決策，遠比正確地作出很多決策更為重要，海爾默在本書中，解釋了舉世成功的企業領導人如何把少數的決策做對。」

——紅杉資本公司（Sequoia Capital）董事會主席麥克‧摩里茲（Mike Moritz）

「矽谷極其重視執行與文化，這是對的，不過我認為，這有時導致不夠重視策略的重要性。海爾默這本鞭辟入裡的著作可望糾正這點。」

——網路支付服務公司 Stripe 共同創辦人暨
執行長派屈克・柯里森（Patrick Collison）

「本書用了非常創新的方法，帶領你了解公司價值的主要驅動力，並闡釋市場上你還不是很透徹了解的概念，從而誕生了我所見過最特別且耐久實用的傑作之一。」

——布雷克・葛羅斯曼（Blake Grossman）
巴克萊國際投資管理公司（Barclays Global Investors）前任執行長

「本書是所有正在創立或致力事業成長者的必讀之作，其建立一個簡明精闢的架構，啟發我思考如何在競爭市場上建立與維持策略優勢。」

——課思來（Coursera）共同創辦人暨前任總裁達芙妮・科勒（Daphne Koller）

「為了具有可投資性，一家新創公司必須有一條令人信服的市場熱度遞增途徑，否則公司只是一個燒錢的無底洞。本書嚴謹地架構了一家公司提高市場熱度的策略，並詳述如何才能做到。凡是創立事業的人都應該閱讀本書。」

——SOSV 創投公司創辦人暨經營合夥人西恩・歐蘇利文（Sean O'Sullivan）

「這是策略領域的一本傑作，海爾默把四十年的思想與實務濃縮成一本易讀的書，閱讀此書的收穫是，你將處處看到七種市場力量。」

——馬克·鮑姆加納（Mark Baumgartner）
普林斯頓高等研究院（Institute for Advanced Study）投資長

「二十年來，明導國際公司受益於海爾默的顧問服務，把他的許多思想與原則融入我們的策略核心。本書把那些思想與原則整合成一個強而有力的架構與詞彙，用以說明及分析公司目前立足於競爭空間的何處。這是一本有效用的著作。」

——葛瑞格·辛克利（Greg Hinckley）
明導國際公司（Mentor Graphics Corporation）總裁

網飛的一堂市場策略課

里德・海斯汀
網飛公司共同創辦人暨執行長

　　我與漢米爾頓的關係始於純粹的禮貌性拜訪，很難想像吧。那天是 2004 年 9 月 29 日，我的眾多行程安排之一是，接待策略資本公司（Strategy Capital）的共同創辦人漢米爾頓及賴利・汀特（Larry Tint）的來訪，這家避險基金也是我們網飛公司的投資人。當時，網飛還是一家郵寄出租 DVD 的小型公司，公開上市僅兩年半。

　　通常，在這類會面中，投資人試圖摸清楚公司的經營管理，刺探公司的動向，換言之，他們在做投資前的仔細檢查。但漢米爾頓和賴利這次來訪的目的與作為，完全出乎我的意料之外，還令我耳目一新。漢米爾頓首先精簡俐落地概述他的新穎策略架構「市場力量動態學」（Power Dynamics），接著使用這架構，對網飛的策略要務提供一個透徹的評估，鞭辟入裡，非常獨特。這場會議很快地變成純粹的承情，是他們完全出於好意的幫助。

　　我對漢米爾頓的印象永難忘記，五年後，這些印象萃濾成一個構想。此時的 2009 年，我們已經遠遠拋開來自百視達（Blockbuster）

的生存威脅，網飛的營收額逼近 17 億美元，這些是辛苦贏來的進步，儘管如此，我們面臨策略性挑戰的艱巨程度絲毫不減。網飛賺錢事業的形勢愈來愈險峻，郵寄出租 DVD 顯然是個過渡技術，陰森逼近的前景展望是，我們可能得對抗資源遠遠超過我們的巨大競爭者：谷歌（Google）、亞馬遜（Amazon）、時代華納（Time Warner）、蘋果（Apple）等等。

從多年來的生意人經驗中我學到一點：策略是個怪獸。我和網飛所有員工的大部分時間必須投入於「做到一流」的執行力中，否則一定會失足。不幸的是，光有一流的執行，也不能確保成功，若策略不正確，你也很危險。我年紀也不小了，還記得 IBM 個人電腦事業的教訓，當年的 IBM 個人電腦可是一項突破性產品啊，受顧客歡迎的程度非常驚人，產品剛發布，就獲得了 40,000 台訂單，第一年就賣出 100,000 台，這是多麼罕見的事。IBM 的執行力堪稱無瑕疵了，他們的優異管理從不出錯，很難想像當時能有另一家公司可以像 IBM 那樣快速地把產品生產規模化，而且完全不出錯。就連他們的行銷也很動人，還記得卓別林（Charlie Chaplin）為他們代言，歡迎所有人來到電腦的新世界嗎？

可是，IBM 在策略上做錯了，他們把作業系統外包給微軟（Microsoft），還准許微軟對外銷售這套作業系統，IBM 此舉浪費了一個大好機會，沒能獲得一如 IBM 主機型電腦 System 360 為該公司創造出類似「網路經濟」的全壘打。此外，IBM 又決定把微處理器外包給英特爾（Intel），還把應用程式預載其中，此舉同樣讓出了另一條重要陣線。這些策略決定了 IBM 個人電腦事業的命運（譯註：因為這些外包決策使得市場上出現了許多仿 IBM 個人電腦的廠商，不僅侵蝕與瓜分市場

占有率，激烈的價格競爭也導致利潤持續下滑。），導致 IBM 這個事業最終變成一個沒多少賺頭的電腦組裝事業。儘管 IBM 力挽狂瀾，卻從未能扳正這艘船，最終，無可避免的命運到來，IBM 在 2005 年宣布把這個事業賤賣給聯想集團（Lenovo）。

回到網飛的 2009 年問題。當時我面臨的疑問是：網飛該如何積極制定深謀遠慮的策略？所幸到了此時，我們已經花了很多的心血及努力，形塑網飛的獨特文化，這提供了開啟某扇門的鑰匙，可以汲用我們千辛萬苦地植入公司的價值觀，勇敢面對艱難的策略環境。

我們最早在 2009 年 8 月公開發布的〈網飛文化集〉（Netflix Culture Deck）指出九種我們高度重視的行為，第一種行為是「判斷」，我們詳細闡釋如下：

● 你作出明智決策，儘管……情況含糊不明。
● 你辨識根本原因，而非只是處理表象。
● 你策略性思考，並且能夠闡明你試圖做什麼和不試圖做什麼。
● 你精明區別現在必須做好什麼，以及哪些可以後面再來改進。

明智決策、辨識根本原因、策略性思考、精明決定優先順序，在我看來，這些結合起來，擘劃出策略。不過，為秉持網飛文化，管理高層不能只是由上而下地施加我們的策略觀，必須讓員工了解我們的策略手段，好讓他們能夠靈活應用於自身工作。唯有如此，才能實踐網飛文化的另一根支柱：透過背景脈絡來管理，而非控管。

不過，這個視角為我創造了一個困境。策略是個複雜的主題，

要如何讓員工快速了解這個「背景脈絡」呢？我這輩子對教育一直很感興趣，我很喜歡詹姆斯・葛雷易克（James Gleick）在其著作《天才》（*Genius*）中敘述的諾貝爾物理學獎得主理查・費曼（Richard Feynman）的一個軼事。費曼教授是他那個年代最傑出的科學教師之一，有一天他受邀講授量子力學的另一個不同領域，費曼同意了，但幾天後他反悔了，他說：「我沒法講這個……，我的意思是，我們其實並沒有非常了解這個東西。」

同理，網飛在策略這個主題上的挑戰很明顯：有沒有人透徹地了解策略而足以勝任執教呢？所幸，我想起漢米爾頓在 2004 年的那次簡報中，簡潔扼要說明了策略，於是我找他相談，愈談愈確信他具有這方面的獨特勝任能力。最終，漢米爾頓規畫了一個課程，教授為數眾多的網飛重要人員，讓他們了解策略的基礎知識。這課程獲致巨大的成功，時至今日，許多網飛人仍然認為這是他們職涯中最棒的教育體驗之一。

如同本書所展示的，漢米爾頓遠非只是一個優秀的合成者與溝通者。任何策略架構，想達到被企業人廣為應用的境界，就必須處理組織面臨的所有重要策略課題。長久以來，漢米爾頓覺察到現有策略架構的缺失，那麼他的解決方法是什麼？在概念層面作出全新的大推進，再把這些結合成一個統一的整體。在此，舉出本書中兩個特別引起我注意的概念大推進例子：

● **反向定位（Counter-Positioning）**。在整個商業生涯中，我經常觀察到，曾經因為商業敏銳度而備受稱頌的強大在位者，後來未能調適新的競爭現實，結果總是重重跌落神壇。膚淺的思想家可

能把這歸因於缺乏遠見與領導力，但漢米爾頓卻不這麼認為，他發明「反向定位」這個概念，抽絲剝繭，一窺這些情況的更深層事實。他說，這些在位者並不是缺乏遠見，事實上，他們的見解完全以可預期的、符合經濟理性的方式行動。網飛早年和百視達之間的戰役，例證了這個概念。

- **市場力量進程（Power Progression）**。在網飛，我們非常積極決定公司關注之事的優先順序，好聚焦完成它們。這點也適用於制訂策略：近程的策略要務是什麼？遺憾的是，現有的策略架構沒有提供這方面的指引，雖然大眾普遍認知這是重要課題，但策略架構卻沒能有條理地、可靠地、足夠透明地提供解答。漢米爾頓如何解決這個缺失呢？過去數十年，他發展與精修「市場力量進程」這個概念與模型，說明每一個企業面臨每一種競爭戰役的大約引爆時間。就策略性思考的實用性來說，是一個非凡的推進。

漢米爾頓提供了這兩個概念的深入理解，有助於我們在廣泛的策略性挑戰中分析深挖的根源。與漢米爾頓共事讓我受益良多，這裡敘述的，不過是眾多收穫的一部分，現在換你來受益了。本書匯集了漢米爾頓在數十年的顧問工作、主動型股權投資人與教學工作中得出的洞察，這是非常清晰且全面的策略議題結晶，將改變你思考事業的方式，幫助你聚焦於關鍵至要的策略性挑戰，當然還有策略性挑戰的解方。這或許不是一本可以在海灘上輕鬆閱讀的書，你也可能不會把它當成睡前讀物，但我相信，你閱讀本書所花的時間與精力將獲得倍數回報。

從創業者到經營者的策略方向指南針

郭書齊
創業家集團董事長

　　這個世界需要創業者，當創業者在對的時機點發現消費者痛點與市場機會，並果斷的組合團隊、募集資金、發展事業，一旦所有關鍵成功要素全部到齊後，創業者就像打造了一艘太空船，載著團隊所有夥伴和早期投資者一起成功 IPO 或者順利被併購，這時候創業者見證了從 0 到 1 的神奇過程。但是，再來呢？

　　企業就像人類一樣，也是一個有機體，從 0 到 1 固然值得所有人的喝采，但再來的挑戰才更艱鉅，因為 1 並不是終點，1 只是一間企業持續往下發展的起點，但一間由創業者打造的公司又該如何從 1 到 100 呢？這時候創業者就很需要把自己改造成為一位經營者，重點不再只是獲致短期成功，而是要如何把短期成功轉化成為企業的長期競爭優勢；如何擬訂企業長期策略，並且能讓這樣的策略符合產業發展脈動。這些作為成為了每一位經營者非常重要的挑戰。

　　本書首先從規模經濟、網路效應、反向定位、轉換成本、堅實品牌、壟斷性資源、流程效能這七大發展策略分別說明，一間企業如何將

本身所擁有的競爭優勢轉化成為市場力量，然後再進一步從企業發展動態的角度，導引每位有志帶領企業從 1 到 100 的經營者，重新審視自身企業所擁有的競爭優勢，以及如何在這七種市場力量中，找尋最適合本身發展的策略方向。

如果你也跟我一樣，正帶領團隊從 1 走向 100 的路上；如果你對於公司未來發展策略還有些迷惘；如果你對於該如何扮演一位稱職的經營者還有很多問號，這本書就像是一本指南針，帶領你從創業者往經營者邁進。或許這條路還很漫長，但相信在你清楚了解這七種市場力量之後，會更清楚知道怎樣結合市場力量與公司競爭優勢，建立屬於自身企業更高、更厚實的堡壘城牆。

永續經營與投資的七大威力元

鄭義 博士

國立中山大學財務管理學系暨研究所教授

　　從管理顧問的角度出發，本書的特點在於其以相當簡潔易懂的方式，闡述了企業在追求永續價值的時候，要注意的七大威力元——7 Powers（七大市場力量）。本書有極高的實務操作性，很適合作為工具書，供從事經營管理及策略規畫的專家學者參考。作者同時考量對經營者的效益，及為挑戰者設下的壁壘，發展出以七個高度涵蓋、描述面向企業價值的建構基礎，此即為靜態元件。再來，動態的努力進程，則提供了企業何時該啟動哪個威力元，以求有最佳機率達成「高築牆、廣積糧、緩稱王」的經營策略。

　　在這條緩稱王的道路上，企業家須歷經三個市占率擴增的階段：初創期、起飛期及平穩期。在各階段的進程中，還細部配置了七大市場力量的 2-3-2 陣容，分別是初創期要重視「獨抱關鍵資源」以及「採取逆向定位」；起飛期則須「擴大經濟規模」、「廣布網絡覆蓋面」，還要「墊高客戶的轉換成本」；至於披荊斬棘走到平穩期時，則可「槓桿品牌溢價」，及難以複製的「發揮製程威力」。此書原文本中頻繁地用

Hysteresis（滯後作用）一字，也點出了「緩稱王」其品牌價值須經時間淬鍊的意義！頗值得讀者深思。

另從投資的角度思考，該書作者顯然從七大市場力量中，找到了能創造優異投資表現的點石成金術。在 1994~2015 的廿二年間，滾動計算的 1／2／3／4 年期投資報酬率，平均每年超過標普五百總報酬指數（SP500TR）達到 26% 以上，績效傲人！經再次檢視作者揭櫫的價值方程式：

公司的價值＝潛在的市場規模╳長期市占率╳長期超額毛利率

這可以理解作者的投資策略著重於：在前景看好的產業中，選取具有長期業績衝力的成長型股票。此處值得一提的是，作者所強調的「價值」，有明顯「長期持續」的意涵在內，其與一般所稱的價值投資：高獲利市價比、高淨值市價比或是多著眼於短中期的價格低估，是兩個不同的概念。

此書給投資研究領域朋友們的課題則是：先對市場中選定的股票池，依上述市占成長三階段的七大威力元，依序找到對應的要素，這裡就暫稱為「威力要素」吧，考慮共線性決定是否合成威力因子，算出分項及綜合得分，再透過基本面研究，試著還原作者獲得超過 26% 報酬率的投資邏輯，找出值得關注的投資標的，驗證公司所處的相對位置，及其所隱含的價值透明度和價值爆發力。這套數量化搭配基本面的投資模式，或許可以在有效控制風險水準的前提下，得到漂亮的長期穩定超額報酬率！？

作者最後寫道：創造發明才是王道！無論是在產品、技術、行銷策略或商業模式，都要時時追求卓越，此乃長期保持領先優勢必不可少的努力。管理顧問界以及投資研究界的朋友們，本書中這套七大市場力量的心法值得細細品讀，再轉化為研發精進的推力，其過程可帶來高築專業壁壘，享有長期超額利潤的絕佳機遇。

探究競爭優勢的羅盤

雷浩斯
價值投資者、財經作家

我是一個價值投資人，而不是理工科系出來的創業家，所以一開始看到出版社來信要我推薦的時候，我還想：『這本書和我有什麼關係？』當我看完稿子之後，發現得到了一本非常棒的知識寶庫。

投資最重要的，就是理解資訊，查核事實，最後做出正確的行動。在查核之前，你要對資訊有透徹的了解。我的投資方式就是關注具備非凡競爭優勢的公司，然後長期持有。因此最重要的，就是各種新聞媒體資訊中，探查出投資標的公司的競爭優勢。

很多書都談到競爭優勢，但是這本書是我看過最深刻的，為什麼？因為大多數的書本都是討論現成案例，舉例單一的市場力量，沒有討論在企業成長的不同階段中，哪些市場力量最重要。也沒有討論多個市場力量組合而成的交互作用

作者先和我們談靜態的「市場力量」，市場力量其實就是「競爭優勢」，本書的七種市場力量分別是：規模經濟、網路效應、反向定位、轉移成本、堅實品牌、壟斷性資源、流程效能。

之後再和我們談動態的產品發明創造，以及市場起始、起飛和穩

定的階段，讓讀者知道建構自己公司的市場力量，需要的「what」和「when」。

我在投資的過程中，深深體會到，所有具備競爭優勢的強大公司，都同時擁有二到三種以上的市場力量，並且能將市場力量組合為一，創造出循環動能，這個概念不只是矽谷公司擁有，傳統產業也能應用。

舉例來說，以低價便宜著稱的全聯，他的市場力量包含：

1. 反向定位：只賺 2% 的淨利，其他競爭者就不會來搶利潤。
2. 規模優勢：當超過 300 家以上的店面時，規模就能支撐營運。
3. 流程效能：以物流中心的自動分貨系統，高效率地處理各種商品。

這三種市場力量串接起來，就形成巨大的市場力量，也就是巴菲特口中的「護城河」！

我在我的個人著作中提到一個觀念：「護城河是人蓋的。」意思就是，只有良好的管理階層才能夠打造競爭優勢。

很高興在本書中看到作者提到：「建立市場力量方面，領導力非常重要。」這點和我的觀察相同：卓越領導不是競爭優勢，但是沒有卓越領導，就無法打造競爭優勢。

本書結構分明，邏輯清楚，解析各種市場力量的定義、建構和形成，都非常的透徹。你能夠將本書的指引當成一個解析資訊的羅盤，用來檢查你手上的公司是否走在正確的營運道路上。

我非常開心能推薦本書給所有讀者，希望大家在閱讀本書的過程中，也能感受到深思熟慮後的領悟感。

謹以本書獻給我的家人——我生命中的喜樂

導讀策略羅盤

　　所有知名企業的拱門，都是以決定性的策略選擇作為支柱，這些決定性的策略選擇不多，通常是在環境快速變化帶來的深切不確定性中作出的決定。做錯關鍵選擇的話，你將面臨持續痛苦的未來，甚至一敗塗地。想做對關鍵選擇，必須不斷因應開展的境況調整策略。冗長乏味的週期性規畫工作，或是放手交給外面的專家，都無法做對關鍵選擇。

　　這個現實引發以下的疑問：「策略學這門知識學科能調適這項工作嗎？」歷經數十年的企業顧問、主動型股權投資人以及授課經驗，我的結論是：「能」。不過，這個辛苦獲得的結論，必須伴隨法國微生物學家路易‧巴斯德（Louis Pasteur）的一個著名格言作為警告：「機會只眷顧有準備的心智」。策略學的最佳用途不是做為分析的防禦工事，而是讓實地作戰的人員發展出「有準備的心智」。

　　為扮演即時策略羅盤的角色，一個策略學架構必須簡明、但不過於簡單化（simple but not simplistic）。若不簡明、不容易記住，概念很難用於日常活動中參考，就喪失了實用性。若過於簡單化，有可能遺漏

重要的東西。不過，說易行難，策略學這麼複雜的主題，「簡明、但不過於簡單化」是一道高門檻。

在此要感謝貝恩企管顧問公司（Bain & Company）創辦人比爾‧貝恩（Bill Bain）開明對待我這麼一個怪人，在 1978 年取得經濟學博士學位後，我馬上進入貝恩企管顧問公司，展開我的策略學領域職涯，當時麥克‧波特（Michael Porter）教授還未出版他的劃時代著作《競爭策略》（*Competitive Strategy*），波士頓顧問集團（BCG）和貝恩企管顧問公司超前地在企業界倡導策略學，並在過程中打造出管理顧問行業中最受推崇的兩大顧問品牌。此後數十年間，策略學這門學科在理論上及實務上都突飛猛進，儘管如此，現有的策略學架構在「簡明、但不過於簡單化」這個挑戰上做得並不理想，簡明的架構太過於簡單化，不那麼簡單化的架構又不夠簡明。

「七種市場力量」（7 Powers）這個策略學架構，是無數顧問服務工作及數十年股權投資經驗的結晶，越過了「簡明、但不過於簡單化」這道門檻。七種市場力量涵蓋所有具吸引力的策略定位，因此不過於簡單化；它單一地聚焦於市場力量，因此足夠簡明讓任何企業人都能學習、記住及使用。這個架構可以用於事業內部（事實上已經有不少事業使用），讓全員對策略學的主要手段獲得共通、可據以行動的了解。若你的事業不具有這七種市場力量當中的至少一種，事業便缺乏一個能生存的策略，你的事業就很脆弱。

撰寫此書的目的，是期待你能夠靈活地航行於制定策略時的危險四伏區。我不是對你的個別事業提供特定建議，而是提供你一面透鏡，用它來檢視你目前所處的策略情勢，這面透鏡將凸顯你必須解決的重要策

略性挑戰。不過有點諷刺的是，我得先處理理論部分，這本書才具有最大的實務價值。

閱讀本書，並且把七種市場力量內化，你將具有巴斯德所謂的「有準備的心智」，能夠在那些少見的關鍵形成時刻，創造及把握市場力量的機會，事業的成功仰賴你是否做到這點。

▌首先追求「不過於簡單化」

現在，一起展開我們的策略旅程，等這趟旅程結束時，你將嫻熟七種市場力量，從策略學獲得可運用於實務上的見解，好在那些決定事業成敗的重要關鍵時刻指引你。

在關鍵時刻作出正確決策，回報巨大。不過，與高報酬相應的是前面談到的高門檻：想成為這種實用的認知指南，必須把策略學的概念萃濾成一個簡明、但不過於簡單化的架構。

為使你對七種市場力量架構有信心，並相信這架構已經越過了上面說的門檻，我將在前言中詳述，何以市場力量是事業潛在價值的強大驅動力，闡釋關聯性可以向你確保本書的所有內容是周延、全面性的。換言之，七種市場力量架構是一個不過於簡單化的架構。接下來總共七章會在這基礎上，分別探討七種市場力量的每一種力量。根據我和許多企業人士共事的經驗，這七種市場力量構成的策略學架構，足夠簡明而成為可以持續使用的策略羅盤。

這趟策略旅程的出發點，是先扼要回顧英特爾這家誕生於矽谷（我的主場地盤）的最重要公司之一。英特爾是一個特別好的案例，因為它有一

個顯著失敗的事業，對映著另一個顯著成功的事業，這是很少見的例子，這種不常見的成功與失敗交集，讓我們可以分離出成功的驅動因子，我將用此來定義本書的核心概念：市場力量、策略學（Strategy，一門知識學科）和策略（strategy，一個事業使用的特定方法）。

▌英特爾挖掘到了主礦脈

欲了解英特爾的非凡成功，讓我們先回到近五十年前矽谷的發跡時刻。1968 年，羅伯·諾伊斯（Robert Noyce）和高登·摩爾（Gordon Moore）受夠了母公司快捷相機與儀器（Fairchild Camera and Instrument）的苛刻，從他們任職的快捷半導體公司（Fairchild Semiconductor）辭職，在加州聖塔克拉拉（Santa Clara）創立英特爾[1]。英特爾後來開發出世上第一部微處理器，這對個人電腦、伺服器，以及由微處理器支援且現今無處不在的技術如網際網路、搜尋引擎、社群媒體、及數位娛樂而言，是一個開創性的時刻。沒有英特爾，就沒有谷歌、臉書（Facebook）、網飛、優步（Uber）、阿里巴巴、甲骨文（Oracle）或微軟。一言以蔽之，沒有英特爾，就不存在現代社會。

在現代人的耳中，「英特爾」這個名字代表成功。近半個世紀期間，諾伊斯和摩爾創立的這家小公司，已經發展成微處理器領域無庸置疑的領導者，年營收約 500 億美元，市值達到 $1,500 億美元，不論用什麼指標來衡量，都是一間成功非凡的企業。

這樣的成功是如何及為何起飛的呢？策略學這門學科就是要探索這個疑問。以下更正式地定義：

| 策略學：研究潛在事業價值的基本決定因子之學科。

策略學的目的既是實證性質（positive）──揭露事業價值的基礎；也是規範性質（normative）──為企業人的價值創造行動提供指引。

依循經濟學中常見的一條理論線，策略學可以區分為兩大主題：

- **靜態學（Statics）**：亦即「到達那裡」（Being There）。是什麼使得英特爾的微處理器事業如此持久有價值？
- **動態學（Dynamics）**：亦即「前往那裡」（Getting There）。一開始，是什麼發展引領出英特爾如此成功的事業與局面？

這兩個主題構成策略學科的核心，主題雖然交織，但引導出相當不同、但高度互補的探索路線。因此，這兩個核心也構成本書第一部及第二部的主題。

但現下，我們先回到英特爾這個案例。英特爾的決定性成功來自微處理器這項產品，也可以說是現今電腦的腦袋。不過，令一些人感到驚訝的是，英特爾並不以這個事業起家，他們起初的主力業務是電腦記憶體這一領域，事實上，一開始他們稱英特爾是一家「記憶體公司」（The Memory Company）。微處理器的發明，其實是英特爾受一家名為「Busicom」的日本計算機公司委託設計而發展出來的，英特爾當時接下這筆委託工作，純粹是為了賺錢來支撐迫切需要現金的記憶體事業。不過，經過一段長期孕育，微處理器的市場熱度大增，記憶體和微處理器這兩個事業的途徑分歧，也導致大大不同的價值結果：記憶體事業為

$0，微處理器事業為 $1,500 億美元。

這裡引發一個疑問：「為何英特爾的微處理器事業成功，記憶體事業失敗？」兩個事業都享有巨大的相同優勢，例如，英特爾在這兩個市場上都是先發者，二者都是大規模且快速成長的半導體事業，二者都享有英特爾的卓越經營管理，以及於技術及財務上提供助益。所以無疑地，這個疑問的解答應該不在記憶體事業及微處理器事業的共接之處，那麼解答是什麼？為何一個事業成功，另一個事業失敗收場？

我是個經濟學家，因此謹慎地尊重與認可競爭套利（參考第一章 P50 說明）的力量。英特爾在記憶體市場退縮、乃至於最終退出，充分反映了這種競爭套利力量的結果，英特爾有優異的領導力及一流的商業實務，但這些全都無法為自家的記憶體事業提供任何庇護。反觀微處理器就逃過了這種命運，這個事業應該有不同之處，使微處理器避開了這種競爭套利，英特爾得以繼續賺取非常豐厚的報酬，並促成了該公司現今的股價。微處理器市場並非缺乏競爭，過去數十年，這個領域的競爭廝殺激烈程度不亞於記憶體市場，IBM、摩托羅拉（Motorola）、超微半導體（Advanced Micro Devices，AMD）、齊洛格（Zilog）、國家半導體（National Semiconductor）、安謀（ARM）、恩益禧（NEC）、德州儀器（Texas Instruments），以及其他無數家公司在這領域投入難以計數的資金。

所以，我們只能這麼假設：英特爾的微處理器事業具有一些稀有的特性，這些特性顯著改善了現金流量，同時也遏制了競爭套利。我稱這些為「市場力量」（Power）。[2]

| **市場力量：能創造出持久差額報酬潛力的條件。**

市場力量是策略學的核心概念，也是本書的核心概念。市場力量是企業的聖杯，很難企及，但值得你關注與研究。本書將詳細探討建立市場力量的條件（第一部：靜態學），以及如何獲得市場力量（第二部：動態學）。

▌策略的真言 [3]

英特爾的微處理器事業具有市場力量，記憶體事業卻不具市場力量，這造成未來大不同。從英特爾持續性的上千億美元市值可以看出，微處理器事業具有的市場力量使公司持續斬獲大量的營收，這種結果是所有事業企望的目標，所以我把策略（一家公司的策略）定義如下：

| **策略：在重要市場上延續市場力量的一條途徑。**

我把這稱為「真言」（The Mantra），其詳盡周延地描述了一個策略所需條件的完整特性。

不過，儘管真言具有全面且周延的特質，我也相當程度地縮窄了策略的定義。「策略」這個名詞早已無處不在，在谷歌學術（Google Scholar）網站上搜尋有關「strategy」的文章，你會獲得 5,150,000 條搜尋結果，驚訝吧。過去數十年，商業思想家和企業問題解決者發展出一種傾向，添加「策略」或「策略性」字眼，近乎把任何問題都上升至

更高層次，於是我們看到「策略性供應商」、「顧客策略」、「組織策略」、「策略規畫」等等。這些用法本質上沒什麼不對，但我的思維有所不同，數十年的授課與實務經驗使我相信，給予策略學及策略一個非正統的、較狹窄的觀點，可幫助我們獲得更高的概念清晰度，顯著增進概念的實用性。在這方面，少即是多。

為縮窄「策略學」及「策略」的討論，還要釐清另外兩個學科。第一，賽局理論（Game Theory）雖與策略學有重要的交集，例如，競爭套利行為可視為參與者在賽局中追求自身最大利益的過程，但賽局理論的策略定義是參與者可以採取的行動，這定義涵蓋範圍遠比我的策略定義涵蓋範圍大得多。縱使是賽局理論中的一種最適策略，像是納許均衡（Nash Equilibrium），也不保證能夠創造價值。從賽局理論的透鏡來看，英特爾從記憶體市場退縮至最終退出，這是一種最適策略，但不是通往市場力量的途徑。若我們設定商場上的終極規範性標竿是創造價值，那麼光使用賽局理論的話，無法把範圍縮限到可以提供一個規範性的策略學架構。[4]

第二，有一個思想學派聚焦於抉擇的機靈性，這種思想認為，若你閱讀《孫子兵法》，或聘用一家著名的顧問公司，你就能設法用檸檬製作出檸檬汁。我的定義與這種思想不同，我刻意忽視這種心態。企業人通常聰穎、有幹勁、消息靈通，在既有事業中，這種機靈性通常使他們設法不斷來回套利，這當然是創造價值的必要行為，相當普遍，但絕對不是創造價值的充分行為。

▍創造價值

本章截至目前為止，已經區別定義了「策略學」及「策略」，前者探討創造價值，後者探討市場力量。

身為經濟學家，我習慣使用一些輕量數學來釐清這類定義。接下來，我把價值建入我的「策略」定義中，以在「策略學」和「策略」這二者之間建立關聯性。

本書中所謂的「價值」，指的是絕對基本面的股東價值[5]，換句話說，公司策略性地區分一個事業持續歸屬於股東的事業價值。估算這種股東價值的最佳方法，是計算一項活動的預期未來自由現金流量（free cash flow，FCF）的淨現值（net present value，NPV）。[6]

$$NPV = \Sigma(CF_i/[1+d]^i)$$

其中：

$CF_i \equiv$ 預期第 i 期的自由現金流量

$d \equiv$ 折現率

數學上相等[7]、但更適當的自由現金流量現值公式是：

$$NPV = M_0\, g\, \overline{s}\, \overline{m}$$

其中：

$M_0 \equiv$ 目前的市場規模

$g \equiv$ 折現後的市場成長因子

$\bar{s} \equiv$ 長期平均市場占有率

$\bar{m} \equiv$ 長期平均差額利潤（亦即扣除資本成本後的淨利潤）

因此： $\boxed{\text{價值} = M_0\, g\, \bar{s}\, \bar{m}}$

我稱此為「策略的基本方程式」（Fundamental Equation of Strategy）。還記得嗎，我對策略的定義是如下：

| 策略：在重要市場上延續市場力量的途徑。

M_0 和 g 反映歷經時日的市場規模，描繪了這個定義中的「重要市場」部分。競爭套利的影響同時反映利潤及市場占有率這兩個部分，因此，維持或提高市場占有率，同時也維持正值且豐厚的長期差額利潤，這就是市場力量的數值表現。[8]換言之，用另一種方式來詮釋：

| 潛在價值＝〔市場規模〕×〔市場力量〕

這是一個事業的潛在價值，為實現這潛力，需要卓越營運（operational excellence）。用這面透鏡來檢視英特爾，我們可以看出，記憶體事業和微處理器事業都有一個大規模市場（M_0g），那麼，究竟是什麼導致二者全然不同的價值結果呢？在安迪・葛羅夫（Andy Grove）無庸置疑的執掌下，英特爾的卓越營運是常態，所以造成大不同的是市場力量：歷經時日，競爭套利導致記憶體事業的長期平均差額利

潤（$\overline{m}$）變成負值，反觀市場力量卻使英特爾在微處理器市場上維持高正值的 $\overline{m}$。[9]

▌後文探討的主題

這簡單的公式確證了我對價值的策略定義足夠周延，此外，也是規範性的定義，實踐了「真言」的要求，能夠創造事業價值。同樣重要的是，其中包含靜態學與動態學。

話雖如此，你可能還是對我的策略定義不怎麼滿意，因為除了「策略的基本方程式」的數學方程式，並沒告訴你別的東西，截至目前為止，這定義完全沒有說明，到底什麼條件具備產生持久差額報酬的高度可能性？這就是七種市場力量架構及後續章節的目的，是本書最重要的部分。我必須辨識及詳述市場力量的種類，以及這些力量如何形成，才能建立策略「真言」的實戰意義。

在結束這前言章之前，我先讓一些主題初次登場，後續章節它們也會再度出場。

持久性

「策略的基本方程式」中指出差額利潤（m）的常數（$\overline{m}$）。凡是做過估價、企業購併、或價值投資的人都知道，一個事業的大部分價值來自未來幾年的評估，處於快速成長中的公司會更強調這個現實。若你的事業只歷經了幾年不錯的正 m 值，然後差額利潤就衰減或完全消失了，這個事業的估值不會太高。舉例而言，讓我們使用一個常見的估值模

型：若一家公司長期每年平均成長 10％，那麼接下來三年的估值只會占其總估值的約 15％（譯註：因為愈後面的年份，每年 10％ 成長率的價值愈重要，估值模型會給予更高的權值／重）。

切記，我們把「市場力量」這個名詞保留給能夠創造持久差額報酬的條件。換言之，我們試圖辨識長期競爭均衡，而非只是明年的結果。英特爾目前的 $1,500 億美元市值反映的不僅是投資人對高報酬的預期，也反映他們預期這些高報酬將持續很長期間，所以「持久」是價值聚焦的一個重要特性。基於這種持久性，任何的「策略學理論」必須是一個動態均衡理論，亦即事業必須建立及保持於一個難以攻陷的高位。「策略」需要你辨識及發展出能夠產生一個價值豐厚且可以高枕無憂、不會遭到競爭者屠殺現有地位的稀有條件，英特爾最終在微處理器市場做到這點，但在記憶體市場從未做到。

在這裡離題一下，但這個離題很重要。我想評論有關股市的一個錯誤觀念：股市只關心公司這一季的營運績效。這錯誤觀念與我們討論的「持久性」特別有關，因為若這種假說正確的話，那我們就可以完全漠視任何有關「持久性」的論述了。但是，長期而言，亦即撇開那些投機性操作不談，投資人其實很清楚我前面提到的 10％、15％ 估值計算，這也是分析師使用的估值模型，用於調適長期自由現金流量的期望值。當然，事業目前績效的變化可能導致他們調校期望值，但這並不是因為他們只關心公司的短期營運績效，而是因為目前績效是未來績效的一個重要指標，會因此左右投資人的長期預期。所以，要實現長期預期，持久性仍是關鍵。

雙重性

　　市場力量很重要，但也難以企及。如前所述，市場力量的重要特徵是事後持久的差額報酬，因此，我們必須把力量和強度及持久性關聯起來。

1. **效益面**。市場力量創造出的條件必須能夠大大增加現金流量，雙重性著重強度層面。效益可能表現於價格提高、成本降低、以及／或是投資需求減少，或這些的種種組合。

2. **障礙面**。效益不僅要大大增加現金流量，而且必須持續增加，所以形成市場力量的條件，必須能夠防阻既有及潛在競爭者（譯註：包括直接競爭者與局部功能性競爭者，所謂局部功能性競爭者是指競爭者的業務內容與你的事業內容有部分重疊）從事破壞價值的競爭套利行動，這是市場力量的持久面。英特爾的記憶體事業就沒能阻擋競爭套利行為的侵蝕與破壞。

　　在後續各章詳細探討七種市場力量時，我將說明每種市場力量的獨特效益面／障礙面組合。效益條件聽起來並不罕見，而且商界常見，事實上，每一個重大的成本降低行動方案都符合效益條件。至於建立障礙條件就比較罕見，這個事實證明了為何你到處可見競爭套利的行為。因此，身為策略師，我的忠告是：「總是先尋求發展出能夠豎立障礙的條件。」在英特爾的例子中，了解微處理器事業策略精髓的最佳之道並不是探索英特爾的種種價值改進，而是推理何以數十年間能幹且努力的競爭者沒能成功仿效或破壞英特爾作出的那些價值改進。

產業經濟特性與競爭地位

市場力量的條件，涉及一個事業所屬產業的經濟特性與該事業的競爭地位者之間的交互影響。我將在本書第一部剖析每一種市場力量背後的這兩個影響因子，有助於更清楚地了解及應用概念，並揭示「產業吸引力」（industry attractiveness）在創造價值的潛力中扮演的角色。

錯綜複雜的競爭

市場力量是一種相對概念：你的實力相對於一個特定競爭者的實力。谷歌的策略涉及評估相對於每一個競爭者的市場力量，這包括潛在競爭者與既有競爭者，直接競爭者與局部功能性競爭者。所有這類廠商都有可能是你要試圖防範或阻止的套利行為者，任何一個套利者都足以導致差額利潤降低。[10]

聚焦於單一事業

策略學及策略的主角是，策略性區分開來的每一個事業，儘管它們可能同屬於一家公司，這情況很常見。以英特爾的案例來說明，記憶體事業和微處理器事業基本上是區分開來的兩個事業，呈現兩個獨特、截然不同的策略學問題。市場力量的概念也考慮到這種事業區分。至於同一家公司旗下多個事業之間交互影響所衍生出的特殊考量，這是屬於公司策略學（Corporate Strategy）的主題，不屬本書目前這個版本的探討範圍。[11]我希望，在市場力量動態學的工具得出有用洞察後，日後再撰寫另一本書探討這部分。

領導力

市場力量（以及欠缺市場力量）概念支持巴菲特（Warren Buffett）的一個觀點，他認為，若你把一個糟糕的事業和一位優秀的經理人結合起來，聲譽受損的不是這個事業，而是這位經理人。另一方面，身為經濟學家的我堅信，領導力在創造價值中扮演重要角色，英特爾的經驗甚具啟發意義，我相信，若諾伊斯、摩爾、及葛羅夫選擇繼續停留於記憶體事業的話，世人對他們的管理敏銳度會有相當不同的評價。在當初決定支持微處理器事業，以及確保「走上一條延續市場力量的途徑」的種種抉擇上，他們三人結合起來的領導力起了決定性的影響。這種領導力貢獻度的鮮明評價，暗示了動態學與靜態學的差別，我將在後面章節討論這個。

▍總結：好記又實用的策略指南

我為公司客戶提供顧問服務多年，也投資於價值導向的股權多年，這些經驗讓我非常清楚地認識一點：優異公司的高升軌跡，並不是線型函數，而是更接近階梯函數。一些關鍵時刻作出的決策，徹底形塑了公司的未來軌跡，想把這些關鍵行動做對，你必須靈活地因應新興境況，調整你的策略。本書的目的很宏偉：使策略學在高度關鍵的形成時刻變得切要且實用，為你提供因應境況變化而作出策略調整的靈活度。但是，有一個艱巨挑戰橫阻於眼前：策略學的核心概念必須被萃濾成一個簡明、但不過於簡單化的架構，唯有這樣，策略學才能成為你的即時認知指南。

這篇前言從事業價值的決定因子演繹推理出「市場力量」、「策略學」以及「策略」的定義，我使用的一對一映射方法確保不遺漏重要的事業目標，這就是「不過於簡單化」的含義。[12]

　　這為接下來的，每一章探討一種市場力量奠定了一個堅實的基礎。等你閱讀了這七章並領悟我提供的助記法後，你可以自行評價這七種市場力量架構是否「簡明」。我可以這麼說，許多企業人士使用過或正在使用這七種市場力量架構，他們都覺得容易記住，平日也容易拿來參考。我希望你也有相同的體驗，期盼本書能幫助你建造一個優異的公司。

策略的基本方程式推導

定義

$\pi_i \equiv$ 第 i 期的獲利（稅後，息前）

$I_i \equiv$ 第 i 期的淨投資

$\quad =$ △營運資本 + 總固定投資－折舊

$K_i \equiv$ 第 i 期的期末資本

$K_0 \equiv$ 初始資本

$P \equiv$ 終端售價

$c \equiv$ 資本成本

$r \equiv$ 報酬率

$\gamma \equiv$ 差額報酬 $= r - c$

$\eta \equiv$ 營收成長

$Cf_i \equiv$ 第 i 期的現金流量 $= \pi_i - I_i$

淨現值（NPV）

$$NPV = -K_0 + \sum_{i=1}^{i=n} \frac{\pi_i - I_i}{(1+c)^i} + \frac{P}{(1+c)^n}$$

$$= -K_0 + \sum_{i=1}^{i=n} \frac{\pi_i - (K_i - K_{i-1})}{(1+c)^i} + \frac{P}{(1+c)^n}$$

$\quad =$ －初始投資 + 折現後的現金流量 + 折現後的終值

$$= \sum_{i=1}^{i=n} \frac{\pi_i}{(1+c)^i} - K_0 + \sum_{i=1}^{i=n} \frac{-(K_i - K_{i-1})}{(1+c)^i} + \frac{P}{(1+c)^n}$$

$$= \sum_{i=1}^{i=n} \frac{\pi_i}{(1+c)^i} - [K_0 + \sum_{i=1}^{i=n} \frac{(K_i - K_{i-1})}{(1+c)^i}] + \frac{P}{(1+c)^n}$$

簡化中項

$$K_0 + \sum_{i=1}^{i=n} \frac{(K_i - K_{i-1})}{(1+c)^i} = K_0 + \frac{K_1 - K_0}{(1+c)} + \frac{K_2 - K_1}{(1+c)^2} + \cdots + \frac{K_n - K_{n+1}}{(1+c)^n}$$

$$= K_0 - \frac{K_0}{(1+c)} + \frac{K_1}{(1+c)} - \frac{K_1}{(1+c)^2} + \frac{K_2}{(1+c)^2} - \cdots + \frac{K_{n-1}}{(1+c)^{n-1}} - \frac{K_{n-1}}{(1+c)^n} + \frac{K_n}{(1+c)^n}$$

$$= K_0 \left(1 - \frac{1}{1+c}\right) + K_1 \left(\frac{1}{1+c} - \frac{1}{(1+c)^2}\right) + \cdots + K_{n-1} \left(\frac{1}{(1+c)^{n-1}} - \frac{1}{(1+c)^n}\right) + \frac{K_n}{(1+c)^n}$$

$$= \frac{K_0}{(1+c)^0} \left(1 - \frac{1}{1+c}\right) + \frac{K_1}{(1+c)^1} \left(1 - \frac{1}{1+c}\right) + \cdots + \frac{K_{n-1}}{(1+c)^{n-1}} \left(1 - \frac{1}{1+c}\right) + \frac{K_n}{(1+c)^n}$$

$$= \frac{K_0}{(1+c)^0} \left(\frac{1}{1+c}\right) + \frac{K_1}{(1+c)^1} \left(\frac{1}{1+c}\right) + \cdots + \frac{K_{n-1}}{(1+c)^{n-1}} \left(\frac{1}{1+c}\right) + \frac{K_n}{(1+c)^n}$$

$$= K_0 \frac{c}{1+c} + K_1 \frac{c}{(1+c)^2} + \cdots + K_{n-1} \frac{c}{(1+c)^n} + \frac{K_n}{(1+c)^n}$$

$$= \sum_{i=1}^{i=n} K_{i-1} \frac{c}{(1+c)^i} + \frac{K_n}{(1+c)^n} \qquad \boxed{\textbf{這是簡化的中項，把這代回去：}}$$

$$\Rightarrow NPV = \sum_{i=1}^{i=n} \frac{\pi_i}{(1+c)^i} - [\sum_{i=1}^{i=n} K_{i-1} \frac{c}{(1+c)^i} + \frac{K_n}{(1+c)^n}] + \frac{P}{(1+c)^n}$$

$$= \sum_{i=1}^{i=n} \frac{\pi_i - c K_{i-1}}{(1+c)^i} + \frac{P - K_n}{(1+c)^n}$$

　　假定事業有一個有限壽命＝L。在 t＝L 時，P＝0，因此，存在一個 n* < L 且 $\left|\frac{P-K_n}{(1+c)^n}\right| < \epsilon$，$\epsilon$ 對淨現值（NPV）沒有重大影響，因此，在 n* 期，我們可以忽略第二項 $\frac{P-K_n}{(1+c)^n}$。因此，

$$NPV = \sum_{i=1}^{i=n*} \frac{\pi_i - cK_{i-1}}{(1+c)^i}$$

$$= \sum_{i=1}^{i=n*} \frac{rK_{i-1} - cK_{i-1}}{(1+c)^i}$$

$$= \sum_{i=1}^{i=n*} \frac{K_{i-1}(r-c)}{(1+c)^i}$$

$$= \sum_{i=1}^{i=n*} \frac{K_{i-1}\gamma}{(1+c)^i}$$

$$= \sum_{i=1}^{i=n*} \frac{K_0(1+\eta)^{i+1}}{(1+c)^i}\gamma$$

$$= K_0 \sum_{i=1}^{i=n*} \frac{(1+\eta)^{i+1}}{(1+c)^i}\gamma$$

$\Rightarrow \text{NPV} = K_0 g\,\gamma$ 　其中，

$g \equiv$ 折現後的市場成長因子 $= \sum_{i=1}^{i=n*} \frac{(1+\eta)^{i+1}}{(1+c)^i}$

扣除資本成本後的第一期獲利 $= K_0\gamma$

或者，

$K_0\gamma = M_0\bar{s}\,\bar{m}$ （二者都是指扣除資本成本後的第一期獲利）

其中：

$\quad M_0 \equiv$ 初始市場規模

$\quad \bar{s} \equiv$ 長期平均市場占有率

$\quad \bar{m} \equiv$ 長期平均差額利潤（亦即扣除資本成本後的淨利潤）

因此，我們可以這麼寫：

$NPV = M_0 g \bar{s} \bar{m}$　　　這可以如此解釋：

淨現值（NPV）＝市場占有率 × 市場力量

策略的基本方程式的推導使用了以下的簡化假設：

　　　　1. n ＝ n*；

　　　　2. n* 期間，市場成長為常數；

　　　　3. n* 期間，市場占有率為常數；

　　　　4. n* 期間，差額報酬為常數；

　　　　5. 事業有一個有限壽命。

若要把得出的事業價值拿來和事業的實際市值相較，除了要改變這些假設外，還必須：（1）把初始資本加回去；（2）把整個市場的價格水準納入考量，作出調整；（3）把資產負債表上的額外資產（例如累計現金）加回去。[13]

策略靜態學

CHAPTER 1
規模經濟
大小很重要

▌破解網飛密碼

本章讓我們一同展開建構七種市場力量架構的旅程，這章及後續六章分別探討七種市場力量的每一種力量，第一種市場力量是規模經濟（Scale Economies），我以網飛公司為例。

2003 年春天，我投資位於加州洛斯加托斯（Los Gatos）的一家小型公司，當時該公司處於早期階段，現在你可能知道它的名字：網飛。我大多投資大市值的公司，會下注網飛是因為他們令人驚豔的郵寄出租DVD 事業，成功把百視達的實體事業模式去中介化。百視達面臨困難選擇，繼續流失市場占有率，或是廢止收取逾期罰款的政策（這占了該公司約一半的收入）。我投資網飛是基於一個假說：百視達在面對痛苦的生存抉擇時，會拖拖拉拉；網飛將繼續搶走百視達的顧客。[14]

百視達的後續行為及其最終死亡，證實了我的這個假說。

<図表 1-1> 百視達與網飛的營收 [15]

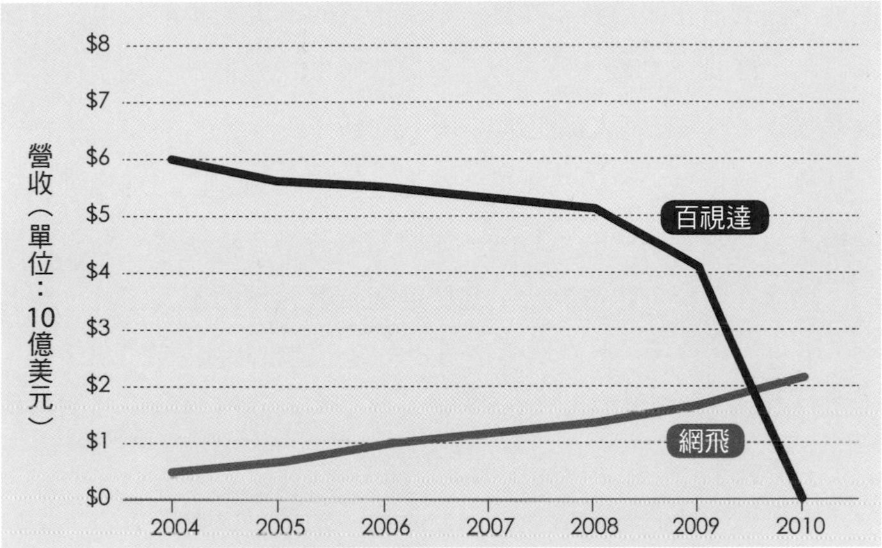

　　如同我在前言章所述，一個策略必須越過「在重要市場上延續市場力量的一條途徑」的高門檻，網飛的郵寄出租 DVD 事業達標了，是他們的市場力量戰勝了百視達。

　　但是，這個郵寄遞送事業有一個長期炸彈定時引信，怎麼說呢？實體 DVD 最終將被數位串流遞送服務取代，這何時會發生，時間點尚不確定，但摩爾定律（Moore's Law），加上網際網路頻寬與容量的疾速進步，保證了這結果的必然性。數位未來將在地平線的那端升起，網飛有看到，畢竟他們沒有把公司取名為「Warehouse（倉庫）-Flix」，而是取名為「Net（網）-Flix」，這是有理由的。

　　就策略而言，串流事業與郵寄出租 DVD 事業是不同的事業，我的

意思是，這兩個事業的市場力量，影響因子大不相同：不同的產業經濟特性與不同的潛在競爭者。其實，串流事業的市場力量前景也沒有那麼令人振奮：IT 成本持續大降，以及雲端服務的快速推進，顯示進入的障礙愈來愈低，似乎任何人都能建立串流事業。

　　網飛了解這點，但仍然無畏。首先，他們認知到自己別無選擇，只能擁抱串流。身為精明的策略師，他們知道若不自我淘汰，別人會淘汰他們。網飛在戰術上也很聰明，基於這個新興領域的不確定性，他們慢慢來，不急躁、勇猛、愚蠢地拿整個公司的命運當賭注。在 2007 年，他們審慎徐緩地進入串流業務領域，試水溫，汲取必要經驗。他們小心翼翼，不辭辛苦和許多電子硬體串流平台建造者合作。

　　不過，部署聰明戰術雖然複雜又辛苦，卻不是策略，事實上，早年網飛市場力量的潛力仍然朦朧不明。在當時，網飛只能保持警覺，期望巴斯德的格言最終結出果實，機會能眷顧他們有準備的心智。

　　直到 2011 年，也就是網飛開始串流業務整整四年後，他們才抓住了關鍵至要的洞察。截至當時為止，網飛已經和許多內容所有權人（主要為製片公司）商談串流內容的版權，但這些內容所有權人精通利用自家的智慧財產權來賺錢，針對地區、發行日、合約期等等劃分產權區塊。這種授權方式使得網飛的內容長泰德・沙朗多斯（Ted Sarandos）悟覺，該公司必須取得一些內容財產的獨家串流版權。網飛這下終於踏出激進大步，大舉投資原創內容，首部作品是 2012 年的電視影集《紙牌屋》（House of Cards）。

　　表面上看，網飛的行動過於冒險，野心過大。比起購買版權，製作原創內容，把所有權利跟內容綁在一起，成本更昂貴。其次，網飛之前

已經走過這條路，成立紅包娛樂（譯註：Red Envelope Entertainment，網飛在 2008 年關閉這個事業）事業單位，製作原創內容，但成果並不理想。因此，現在看來，這種向前整合（forward integration）可能是雄心終成悲劇的「奪橋遺恨」（譯註：作者引用諾曼第戰役之後，人人雄心壯志並過於樂觀，使得一場空降作戰悲劇收場，後世以《*A Bridge Too Far*》永誌此役。直譯的意思是：我們可能打得有點太遠了。）。

但是事實最終證明，這些大膽、反直覺的行動是改變賽局之舉。獨家版權與原創使內容，將網飛成本結構中的一個主要成分變成固定成本項，任何潛在的串流業者，不論擁有多少的訂閱戶，現在想加入競爭，都必須事先付出相同金額的賭注。譬如，若網飛砸下一億美元購買《紙牌屋》的線上獨家播映權，該公司的串流業務有 3,000 萬個訂閱戶，那麼平均每個顧客的成本是二塊多美元。在這種情境下，一個只有 100 萬訂閱戶的競爭者，必須事先下的賭注就是平均每個訂閱戶 100 美元。這是產業經濟特性的一大改變，抑制了破壞價值、無止盡商品化競爭的惡夢。[16]

▌規模經濟：第一種市場力量

平均每單位成本隨著業務規模擴大而降低，被稱為規模經濟，這是接下來要探討的七種市場力量的第一種，其概念源於亞當·斯密（Adam Smith）的《國富論》（*Wealth of Nations*）一書，這著作其實也是經濟學本身的濫觴。

規模經濟何以能形成市場力量呢？我們先來回顧前言討論到市場

力量的條件。市場力量是一種創造出持久的、豐厚的差額報酬潛力的結構，縱使在面臨全力投入且能力強的競爭時，公司也仍然屹立不搖。為了做到這境界，必須同時具備兩個要素：

1. **效益面**：使市場力量的揮舞者得以透過成本降低、定價提高、及／或投資需求減少，大大改進現金流量的某種條件。
2. **障礙面**：使得競爭者沒能力及／或沒意願去從事競爭套利行為的某種障礙。（譯註：本書作者指的「套利」，是指當一家廠商的一項產品在市場賺取相當利潤時，其他廠商會以較低、但仍有賺頭的價格推出相同或近似的產品去競爭，只要定價仍高出成本有賺頭，就有套取利潤的機會。但削價競爭最終可能達到無利可套。當一家廠商在市場上豎立起夠大的障礙時，就能有效防止這種競爭套利。）

就規模經濟來說，效益面很明瞭：成本降低。在網飛的例子中，該公司遙遙領先的訂閱戶數，直接使得平均每訂閱戶的原創與獨家內容成本降低。

障礙面就比較奧妙了。是什麼防阻其他公司以這種方式競爭呢？答案存在「管理良好」的競爭者之間可能的交互作用。若一家公司在一個規模經濟事業領域享有明顯的規模優勢，其他較小的公司會察覺這優勢，他們的第一個衝動可能是設法提高公司的市場占有率，藉此改善自身的相對成本地位，縮小他們在這方面的劣勢，同時也改善他們的利潤。但是，想做到這點，這些小公司必須向顧客提供更好的價值，例如

較低的價格。

在一個已經確立的市場上，領先者能看出競爭者或潛在競爭者採取這種戰術，覺察相對規模優勢縮小的威脅，領先者會使用自身優越的成本地位作為防禦堡壘（例如，領先者也降低價格）來進行報復。經過幾回合的較量，挑戰者預期了領先者的這種報復行動，並在財務模型中建入奪取市場占有率行動造成的影響，對企業而言，這類行動無可避免是摧毀價值，而不是創造價值。

前言討論到英特爾的微處理器事業，就是這一劇情的好案例。英特爾在微處理器事業領域發展出規模經濟，很長一段期間，他們在這個領域遭遇超微半導體公司的頑強挑戰，結果就是，英特爾的微處理器事業繼續優異，超微半導體持續痛苦；每一回合，英特爾總是能夠靠著規模經濟中的經濟特性，擊退超微半導體。

這個不划算的成本／效益，正是規模經濟本身豎立的障礙。當然，領先的在位者必須處心積慮地維持這障礙，改下注別處都是愚蠢之舉。所以，我們看到，規模經濟滿足了市場力量的充分與必要條件。

規模經濟的兩要素——

效益面：降低成本

障礙面：挑戰者想搶奪市場占有率得付出極高成本

這種情況對網飛那些較小規模的串流業務競爭者構成了一個艱困的處境：若提供與網飛相同的服務，像是以相同價格提供相似量的內容，自家的損益表會很難看；若以供應較少內容或提高價格來彌補這損失，

顧客將棄他們而去，到時候市場占有率必定下滑。這種競爭死路，是市場力量的特性。

七種市場力量圖

規模經濟只是我要探討的七種市場力量當中的一種，為了讓你更易於查看與比較七種市場力量，我製作了「七種市場力量圖」。逐章探討下來，我會一一填入新增的市場力量。

如前所述，市場力量需要一個效益及一個障礙，如＜圖表 1-2 ＞所示。

＜圖表 1-2 ＞七種市場力量圖

市場力量 ？	障礙（對挑戰者來說）			
效益（對握有市場力量者來說）				

接著探討效益與障礙這個兩個層面的細節，參見＜圖表 1-3 ＞。在效益面，現金流量因為以下兩點而獲得改善：（1）增進價值（透過更高的定價），及／或（2）其他條件不變下，降低成本。[17] 在障礙面，競爭者因為以下兩點而無法從效益中套利：（1）無法做到，或（2）能做到，但刻意不這麼做，因為公司預期執行的經濟結果不划算或得不償失。

＜圖表 1-3 ＞七種市場力量圖：效益面＋障礙面

市場力量 ？		障礙（對挑戰者來說）	
		不願挑戰	無法挑戰
效益（對握有市場力量者來說）	△成本		
	△價值（=> 價格↑）		

現在，我可以填入第一種市場力量：規模經濟，參見＜圖表 1-4 ＞。

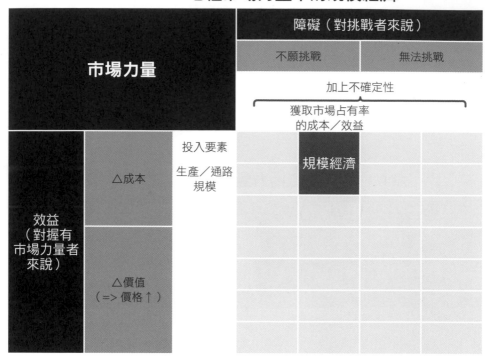

<圖表 1-4 > 七種市場力量中的規模經濟

市場力量			障礙（對挑戰者來說）			
			不願挑戰		無法挑戰	
			加上不確定性			
			獲取市場占有率的成本／效益			
效益（對握有市場力量者來說）	△成本	投入要素 生產／通路 規模		規模經濟		
	△價值（=> 價格↑）					

規模經濟的定義：一個事業的平均每單位成本隨著產量增加而降低。

在網飛的例子中，我們看到一個屢屢出現在許多科技公司的特徵：一項固定成本隨著分派至愈來愈多的數量比例，使得平均每單位成本降低。

除了固定成本，規模經濟的影響也來自其他源頭，以下列舉一些：

● **量／地區關係**。這發生於當生產成本與地區密切相關、效用跟量相關時，導致每單位量的成本隨著規模擴增而降低。大型散裝牛

乳槽及倉庫就是這種情況。

- **通路密度**。伴隨通路密度增加以容納每個地區的更多顧客，使遞送成本降低，因為可以容納更符經濟效益的路線結構。優比速（UPS）的新進競爭者將面臨這種困難。

- **學習的經濟效益**。若學習能產生一種效益（例如降低成本，或改善交付成果），並且跟產出水準成正相關，市場領先者就會具有規模優勢。

- **採購的經濟效益**。一個規模較大的買方通常能夠獲得較佳的投入要素價格，例如，沃爾瑪（Wal-Mart）就享有這種採購上的價格優勢。

▎價值與市場力量

策略的唯一目的就是提高事業的潛在價值，＜圖表 1-5 ＞顯示網飛在串流事業中創造了市場力量後的成功情形。

網飛的股價軌跡，具有教育意義。首先，成功策略的回報豐厚，網飛的股價在這六年間提高了六倍，反觀大盤只翻漲了一倍。其次，我們可以從＜圖表 1-5 ＞看出，這期間網飛的股價並非一路平步青雲的，2010 年至 2013 年間是雲霄飛車，此後幾年也有起伏。這種多變性有其原因：

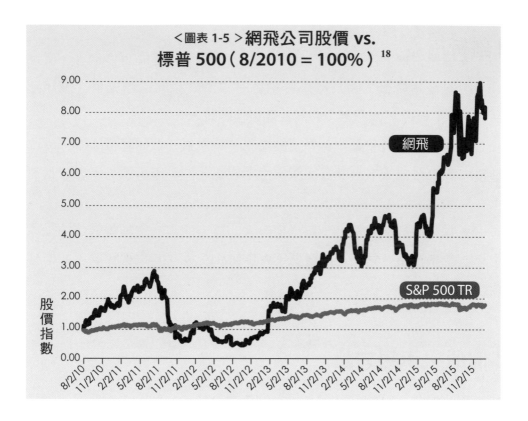

<圖表 1-5 >網飛公司股價 vs.
標普 500（8/2010 = 100%）[18]

- 在高度變動的境況下，通常需要經過一些時間，現金流量才會可
  靠地反應市場力量，因此，投資人的預期可能會上下浮動。

- 在討論市場力量時，我一直小心地強調，市場力量是創造價值潛
  力，但是得和卓越營運結合，這潛力才會實現。網飛股價在 2011
  年重跌，是其營運失誤導致。[19] 雖然這段期間很痛苦，但策略仍然
  正確且有效，網飛的市場力量完好堅實，因此這些失足並不致命。

剖析市場力量強度：產業經濟特性與競爭地位

結束本章、進入下一種市場力量前，我想再對市場力量的特性增添一些結構性探討。

經濟學家常使用更正式的模型來梳理問題的基本性質，這其中的關鍵技巧是選擇簡化假設。這些假設既要能夠把一個問題的顯著特徵區分出來，同時又要保留核心特性。

如前所述，規模經濟的障礙來自挑戰者的理性經濟計算，經過計算後，挑戰者通常會發現，儘管領先者賺得的報酬誘人，但挑戰者若發動攻擊的話，最終報酬並不理想。

另一個更正式衡量規模經濟領先者，其市場力量強度的好方法是，評估領先者在豐厚報酬，以及採取適當報復行為來維護市場占有率這二者間權衡時，有多少的經濟餘裕。這餘裕愈大，長期均衡對領先者的吸引力通常愈大。

為做此評估，我在此介紹「領先者超額利潤」（Surplus Leader Margin，SLM）的概念。領先者超額利潤是指，當定價使得競爭者的利潤為零時，擁有市場力量的領先者可望獲得的利潤。本章附錄推導網飛這樣的固定成本規模經濟領先者的超額利潤，若固定成本為 C，那麼：

領先者超額利潤＝
[C/（領先者營收）]×[（領先者營收/（挑戰者營收）－ 1）]

這方程式 [20] 的第一項指的是固定成本相對於公司總營收的大小，第二項代表規模優勢的程度。換個方式來說：

| 領先者超額利潤 = [規模經濟強度]×[規模優勢]

也就是說，第一項跟產業的經濟結構（亦即規模經濟強度）有關，這是所有廠商都得面對的。第二項反映的是領先者相對於挑戰者的地位。市場力量要存在的話，這兩項都必須顯著為正，例如，縱使存在強大的潛在規模經濟（相對於營收而言，C 很大），若沒有任何規模差異（亦即第二項為零），那麼領先者的利潤仍將為零（亦即沒有市場力量）。（譯註：在此以網飛為例來解釋，該公司製作原創內容成本很高，同時訂閱戶數龐大，競爭者的訂閱戶數與之相差甚遠，形成了巨大的規模差異。也就是說，既存在強大的潛在規模經濟，也存在顯著的規模優勢，從而構成了市場力量。）

把市場力量剖析成兩個不同的層次，產業經濟特性與競爭地位，對實務者而言很重要，因為這種分析法適用於大多數的市場力量。在評估任何市場力量時，必須獨立了解這兩部分，二者都是策略行動的攻擊陣線。[21] 網飛以串流事業，發動雙管齊下的攻擊：他們進軍獨家原創內容，改變了這個產業的經濟結構；同時，他們深謀遠慮及早推出此業務，為他們創造了規模優勢。若網飛當初接受現下的產業經濟結構，認為這結構是不能改變的定數，那麼串流事業就沒有可通往市場力量的途徑，事業的價值前景將依舊黯淡，得仰賴衰退的 DVD 出租業務。

所以，未來各章探討每一種市場力量時，除了七種市場力量圖，

我還要加上另一張表，總結這兩個面向的性質，因為這兩個面向結合起來，決定市場力量的強度。＜圖表 1-6 ＞是此表的第一張。

＜圖表 1-6 ＞ **市場力量強度決定因子**

	產業經濟特性	競爭地位
規模經濟	規模經濟強度	相對規模
網路效益		
反向定位		
轉換成本		
堅實品牌		
壟斷性資源		
流程效能		

▍規模經濟：總結

　　網飛的串流事業把公司市值推升突破千億美元，為達到此境界，需要該公司在方方面面努力不懈地追求卓越，這種聚焦與致力是創造價值的必要條件，但光憑這些還不夠。除此之外，還必須開闢一條在重要市場上延續市場力量的途徑（換言之，就是策略），網飛的成功才可能出現。這策略的基石是進軍獨家原創內容，使他們得以用自家規模作為一

個深遠力量的源頭。這種規模經濟充分符合我們的「市場力量」定義：龐大訂閱戶數促成的內容平均單位成本降低，創造了大效益；市場占有率廝殺戰的成本／效益沒有吸引力，構成了競爭者進入的大障礙。

▎規模經濟領先者的超額利潤公式推導

為了衡量市場力量強度，我思考這個問題：「當價格使得不具市場力量的公司（W）完全沒有獲利時，是什麼決定具有市場力量的公司（S）的獲利力呢？」

這篇附錄探討一個固定成本促成的規模經濟。當然，促成規模經濟的源頭不只是固定成本，但這是一個很常見的情況。

總成本 $= cQ + C$

其中，$c \equiv$ 每單位變動成本

$Q \equiv$ 產量

$C \equiv$ 固定成本（每一個生產期的固定成本，而非起始的固定成本）

$\therefore$ 獲利 $(\pi) = (P - c)Q - C$

其中，$P \equiv$ 所有銷售者面對的價格

有兩個事業：S 是強公司，W 是弱公司。

我們用領先者超額利潤作為後來領先者力量的指標：

領先者超額利潤：若價格（P）使得弱公司獲利為零（$\ni W^\pi = 0$），是什麼決定強公司（S）的利潤？

$$_W\pi = 0 => \quad 0 = (P - c)\,_WQ - C$$

或，$P = c + C/\,_WQ$

$$_S\pi\,(= (P - c)\,_SQ - C$$

代入價格（P）的公式

$$= ([c + C/_wQ] - c)\,_sQ - C$$

$$= [C/_wQ]\,_sQ - C$$

$$= C\,(_sQ - _wQ)/_wQ$$

或者，強公司 S 的利潤 $\equiv {_s}\pi/{_s}$ 營收 $= {_s}\pi/(P\,_sQ) = [C/(P\,_sQ)]$ $[(_sQ - _wQ)/_wQ]$

領先者超額利潤 $= [C/(P\,_sQ)][_sQ/_wQ - 1]$

$[_sQ/_wQ - 1]$：競爭地位——勢均力敵外的相對市場占有率。

$[C/(P\,_sQ)]$：產業經濟特性——固定成本在整體財務中的相對重要程度。

CHAPTER 2

網路效益
集體的價值

▌幫橋挑戰領英

　　2010 年 6 月，瑞克‧馬里尼（Rick Marini）遇到一個問題，他想找接觸某家公司的門路，他很確定自己認識該公司的某人，但就是想不起那人的姓名。多數遭遇這種問題的人，很快就會忘了這懊惱，但馬里尼卻不是，他是出身哈佛商學院的連續創業家，在人才招募業甚富經驗。截至當時為止，他已經創辦兩家公司，SuperFan 及 Tickle.com，後者以近一億美元賣給怪獸人力網（Monster Worldwide）。

　　所以，一個月後，他推出職業人脈臉書應用程式「幫橋」（BranchOut）。馬里尼很認真看待這事業，到了九月，他的 A 輪募資已經獲得 600 萬美元，投資者包括阿塞爾創投（Accel Partners）、水閘基金（Floodgate Fund）、西北創投（Norwest Venture Partners）以及一些知名科技公司的高階主管。

　　人才招募者總想要以最高效率利用自己的時間，所以他們會找專業

人才名單最多的源頭，於此同時，專業人才想在最多人才招募者造訪的網站上張貼他們的履歷訊息。這種不謀而合的自我強化向上螺旋被稱為**網路經濟**（Network Economies）[22]：新顧客加入「網路」，使每一個顧客獲得的服務價值增加。在這種情況下，最重要的是擁有最多數量的顧客，馬里尼很了解這個賽局訣竅：快速擴增規模，否則就是死亡。

若是得靠網路經濟，領英（LinkedIn）已有 7,000 萬會員了，想要迎頭趕上，通常是不可能的事，但馬里尼認為這場賽局還沒結束，所以他下注了。他的構想是用比領英多近十倍的臉書會員數量作為基石，幫橋的工具可讓用戶無縫地從領英網站下載他們的所有資訊。馬里尼把和臉書捆綁在一起的主張視為提供更好價值的關鍵之鑰：

> 臉書擁有領英沒有的連結力量，領英是你在一場研討會上結識的某人，臉書是你真正的支援網絡。

馬里尼的戰術似乎大受歡迎，幫橋的用戶數在 2011 年第一季從 1 萬激增到 50 萬。在這種規模擴增的超級速度下，馬里尼於 2011 年 5 月發起 B 輪募資，獲得 1,800 萬美元的資金浥注。

這還沒完。幫橋榮獲無數獎項，包括被評選為 2011 年「FASTech 50」（前五十家快速成長科技公司）之一。該公司的每月活躍用戶數持續快速增加，投資人也很看好，總計投資額增加到了 4,900 萬美元。領英在 2011 年 5 月 19 日的首次公開募股非常成功，股價在一天內就上漲翻倍，這似乎進一步確證這個領域正夯。

幫橋的每月用戶數持續快速成長，2012 年春已經達到約 1,400 萬。

但接下來，如＜圖表 2-1 ＞所示，這熱度戛然而止，每月活躍用戶數開始快速下滑。科技新聞網站 TechCrunch 如此解釋這崩滑：

> 認真使用幫橋的用戶真的很少，這種計畫用來賺錢的尋職與覓才搜尋工具從未熱門起來。當臉書開始在專頁上禁止投放垃圾廣告的技術時，幫橋的退戶數快速超越用戶成長數，該公司的活躍用戶數開始下滑了。火車的鐵軌被移除，火車自然就不能前行。

2014 年 9 月，赫斯特公司（IIcarst Corp.）收購幫橋的資產及團隊，結束該公司。

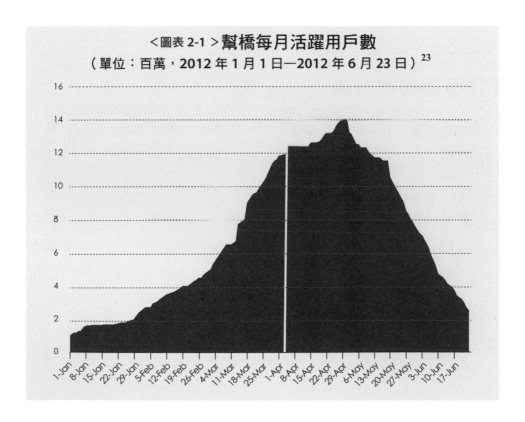

＜圖表 2-1 ＞幫橋每月活躍用戶數
（單位：百萬，2012 年 1 月 1 日—2012 年 6 月 23 日）[23]

在這個故事中，幫橋、臉書、領英三家公司的成功全取決於用戶獲得的服務價值，而用戶獲得的服務價值又仰賴其他用戶的參與，這是網路經濟的核心特質，這些公司的創辦人很清楚該事業特性，他們進取且稱職地推動完全一致於該見解的戰術。臉書與領英能夠並存，是因為各自的網路不同質，彼此區隔開來：用戶想把他們的私人生活（臉書）和工作生活（領英）區分開來。幫橋想在這二者之間建立橋樑，但沒能起飛，因為用戶想繼續維持這道隔牆，臉書當年未能成功推出「Facebook at Work」時，就已經嚐到了這個教訓。

網路經濟能夠創造高市場力量強度，一些優異的事業就是這樣發展起來的：IBM 的主機型電腦、微軟的作業系統、史坦威鋼琴（Steinway Pianos）、指數股票型基金（Exchange Traded Funds，ETFs）。

▌效益面與障礙面

網路經濟發生在，當一項產品對一位顧客的價值隨著其他人的使用而提高時。以下是這種市場力量的效益與障礙特性：

- **效益面**。在網路經濟這個市場力量中，居於領先地位的公司能夠索取比其競爭者更高的價格，因為他們的用戶數更多，為顧客創造的價值較高。例如，領英的「人力資源解決方案套組」（HR Solutions Suite）的價值來自領英用戶會員數量，因此領英的收費能夠高於會員數較少的競爭產品。
- **障礙面**。網路經濟的障礙在於，當挑戰者試圖搶奪市場占有率

時，成本／效益會不划算，成本可能極高，尤其是挑戰者相較於領先者的顧客價值落差非常大，大到難以想像得用多大的價格折扣來彌補這價值落差。例如，幫橋得向用戶提供什麼，才能誘使他們捨棄領英而使用幫橋呢？我想，多數觀察家都會同意，每個用戶可能會要求幫橋付給他們一筆不小的錢，他（她）才願意從領英轉換至幫橋，所以幫橋的總支出將龐大到驚人。

呈現網路經濟的產業，通常有以下特性：

- **贏家通吃（winner take all）**。具有強大網絡經濟的企業通常有一個引爆點（tipping point）促成該特徵：一旦一家廠商達到一定程度的領先後，其他廠商就只能舉白旗投降，結束賽局，因為他們若想挑戰這個領先者的話，損益表會太難看。例如，就算能力和口袋深度如此強大的谷歌，「Google+」也無法成功挑戰臉書。

- **局限性（boundedness）**。這障礙雖強大，仍然受限於網路的特性，臉書與領英的持續成功，可茲為證。臉書本身具有強大的網路經濟，但這些必須與私人生活的互動有關，與職業生活的互動無關。網路效應的局限性決定事業的局限性。

- **決定性的早期產品（decisive early product）**。由於引爆點動力的作用與影響，在發展市場力量時，早期的相對規模擴增很重要。誰的規模擴增得最快，往往取決於誰最早把產品做到最正確。臉書贏過 MySpace，就是一個好例子。

我把網路經濟的效益／障礙組合填入七種市場力量圖中，參見＜圖表 2-2＞。

＜圖表 2-2＞**七種市場力量中的網路經濟**

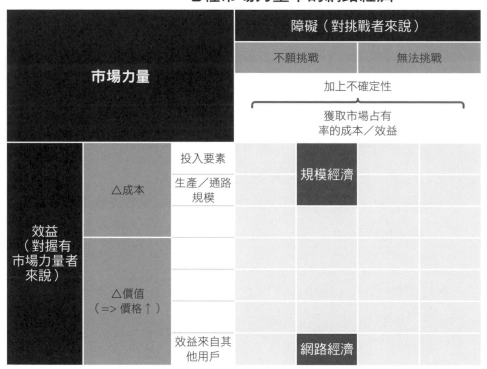

> **網路經濟的定義：一項事業中一個顧客獲得的價值，會隨著此事業的用戶數量增加而提高。**

產業經濟特性與競爭地位

市場力量確保事業有能力在未來賺取超大報酬，推升價值，效益／障礙條件說明了這點。跟第一章一樣，我將使用「領先者超額利潤」來衡量市場力量的強度：「當價格使得挑戰者完全沒有獲利時，是什麼決定領先者的獲利力呢？」

針對網路經濟這個市場力量，我假設所有成本都是變動成本（c），因此，當價格等於這些變動成本的總和時，挑戰者的獲利為零，但領先者提供給顧客的價值人於這變動成本總和，因為領先者提供了不同於挑戰者的網路效益，我假設領先者把高出來的價值納入考量後，能夠調高價格。

領先者超額利潤 [24] $= 1 - 1/[1 + \delta(_sN - _wN)]$

其中，$\delta \equiv$ 當多個會員加入網路後，網路中每一個既有會員增加的利益除以每單位產量的變動成本

$_sN \equiv$ 領先者的現有用戶數量

$_wN \equiv$ 挑戰者的現有用戶數量

$\delta \equiv$ 衡量的是網路經濟的強度：網路效應相對於產業成本的重要性。當然，這個公式不是很寫實，在真實世界情況中，例如幫橋、領英、臉書面對的情況，新會員加入網路後，其他會員增加的利益價值更為複雜。這種價值的增加不是絕對線性的，舉例而言，若你是一位美國大學生，在臉書上，蒙古國首都烏蘭巴托市（Ulan Bator）的某個用戶對

你的價值，可能遠低於你的一位同學（臉書用戶）對你的價值。

　　馬里尼及他的投資人希望臉書遙遙領先的用戶數量能驅動幫橋的 δ，而不是侷限於更狹窄定義的「專業人士」用戶數量。但結果顯示，這種外溢效應很低，這也意味，領英在這個領域具有巨大、難以超越的優勢。

　　$[_sN - _wN]$ 是領先者在現有用戶數量上的絕對優勢，正如你可能預期到的，當這個值趨近於零時，領先者超額利潤也趨近於零，也就是說，縱使產業有很強的網路經濟，若沒有現有用戶數量的明顯優勢，也構成不了市場力量。這公式也顯示了網路經濟的引爆點結果：當領先者和挑戰者的現有用戶數量差距拉大時，導致挑戰者完全沒有獲利的價格，但仍然能讓領先者獲得很大的利潤（上限為 100％）。這意味的是，就算領先者的定價低於挑戰者的損益平衡點，但因為顧客數量多，領先者仍然可以獲得豐厚的利潤。當領先者的顧客數量遙遙領先時，基於網路效應，提供給顧客的價值更高，挑戰者必須訂定蒙受巨大虧損的價格，才能為顧客提供等量價值。如前文所述，在幫橋的例子中，橋幫可能還得付錢給用戶（亦即負價格），才能誘使他們從領英轉換到幫橋。

　　這一節，我再度把市場力量強度剖析為兩個成分：其一反映的是產業經濟特性（δ，網路經濟存在於一個特定事業的程度），其二反映的是此事業在這個結構中的競爭地位 ($[_sN - _wN]$)。如同第一章所言，我們必須把這兩部分分開來了解。

<圖表 2-3 >市場力量強度決定因子

	產業經濟特性	競爭地位
規模經濟	規模經濟強度	相對規模
網路效益	網路效應的強度	現有用戶數量的絕對差距
反向定位		
轉換成本		
堅實品牌		
壟斷性資源		
流程效能		

▌規模經濟領先者的超額利潤公式推導

為了衡量市場力量強度，我思考了這個問題：「當價格使得不具市場力量的公司（W）完全沒有獲利時，是什麼決定具有市場力量的公司（S）的獲利力呢？」

整個網路的規模（亦即用戶數）$\equiv N = {}_sN + {}_wN$

S 是強公司，W 是弱公司

　　為簡化起見，假設網路效應是同質的，那麼強公司 S 能夠索取一個溢價：

　　$${}_sP - {}_wP = \delta [{}_sN - {}_wN]，$$

　　其中，$\delta \equiv$ 新加入一個用戶帶給所有用戶的邊際利益

　　由於不存在規模經濟，因此一期間的獲利 $\equiv \pi = [P - c]Q$

　　　　其中，$P \equiv$ 價格

　　　　　　　$c \equiv$ 每單位變動成本

　　　　　　　$Q \equiv$ 每個期間的產量

　　我們用領先者超額利潤作為後來領先者力量的指標：

　　領先者超額利潤：若價格（P）使得弱公司獲利為零（$\partial W^\pi = 0$），是什麼決定強公司（S）的利潤？

弱公司 W：$W^\pi = 0 => 0 = (P - c)_w Q =>_w P = c$

強公司 S 能夠索取溢價，因此，$_s P = \delta [_s N - _w N] + c$

$\therefore\ _s\pi = [(\delta [_s N - _w N] + c) - c]_s Q$

$\quad _s\pi = [\delta (_s N - _w N)]_s Q$

領先者超額利潤 ≡ 強公司 S 利潤 $= [\delta (_s N - _w N)] / [(\delta (_s N - _w N) + c)]$

強公司利潤 $= \delta / c [_s N - _w N] / [\delta / c (_s N - _w N) + 1]$

$$\boxed{\text{領先者超額利潤} = 1 - 1 / [(\delta / c)(_s N - _w N) + 1]}$$

競爭地位：$[_s N - _w N]$──現有用戶數量的絕對差距

產業經濟特性：δ / c──平均每一元變動成本下，每增加一位用戶帶來的價值增加

若 $(_s N = _w N)$，那麼，SLM = 0；當 $_s N >> _w N$，SLM 則為 100%，$\delta > 0$

以下是關於網路經濟的評註：

● **在正網路效應下，也可能不具有市場力量的潛力。**

▶ 相對於潛在用戶數量及成本結構，網路效應 δ 必須足夠大，才起碼有一家廠商可以達到市場力量的效益面條件。若同質性網路效應是唯一的價值源頭，那麼，若 $N\delta < c$，一家廠商就無法達到獲利力。

▶ 這是我經常在矽谷看到的一個問題。若一家廠商

推測存在網路經濟，那麼他們的策略要務就是，必須比其他廠商更快速地擴增規模，因為若另一家廠商比你更早到達引爆點，賽局就結束了。

▶ 但是，在事前估量潛在用戶數量（N）及網路效應（δ），通常很難有相當程度的把握，於是你就陷入一個處境：有時需要可觀的前置資本，但事業賺錢的能力尚不確定。像推特（Twitter）一直困擾於這點。通常，事業管理高層因此受到指責，但這就回到巴菲特的觀察了：「當一名聲譽卓著的經理人掌管一個績效聲譽很糟的事業時，這個事業的聲譽不會受損，聲譽受損的是經理人。」[25]

● **網路效應可能錯綜複雜**，但如前所述，已經有很多探討網路效應的文獻，因此我只作扼要說明。我未在本書中探討一個常見的轉折，那就是間接網路效應〔也被稱為「需求面網路效應」（demand side network effects）〕。

▶ 若一個事業有重要的互補產品／服務，這些互補產品／服務供應商在選擇合作平台方面有獨家性時，領先者將吸引較多及／或較好的互補產品／服務供應商。

▶ 結果，對顧客提供的整個價值主張因此變得更好（例如提高領先者超額利潤）。

► 智慧型手機應用程式就是一個例子。許多應用程式開發商被領先的作業系統平台吸引了，這麼一來，另一種智慧型手機作業系統就會難以應市，因為它將以應用程式種類不足的狀態起步，使得該手機缺乏吸引力，應用程式開發商當然沒有興趣把他們的珍貴資源投入於這後進的作業系統，因為市場小。

► 要注意一點，在這種情況下，更多的互補品貢獻並不是線性發展的。

CHAPTER 3

反向定位
進退兩難

▌柏格的愚行

　　本章探討第三種市場力量：反向定位（Counter-Positioning）。我發展出這個概念，用來描述身為策略顧問及股權投資人經常觀察到、但很多人不甚了解的一種競爭動態。我必須承認，這是我最喜歡的一種市場力量，一方面因為這是我創始的概念，另一方面是因為這力量是高度的反向操作。我們將從傳統的競爭力指標看到，一些在位者似乎堅不可摧，但反向定位可能是打敗在位者的一條途徑。

　　我現在要談的這個案例，就是這一種競爭：先鋒集團（Vanguard Group）對主動型股權管理（active equity management）業務發動攻擊。現在大家都知道，先鋒集團是低成本被動指數型基金（passive index funds）的典型代表，靠著這種基金類型成為全球最大的資產管理公司。不過，先鋒集團創辦人約翰·柏格（John C. Bogle）創立公司之初，面對的是一個很不同的世界，當時主動型股權管理當道。所以，我

們來看看柏格的故事。

1975 年 5 月 1 日，柏格成功說服不情不願的威靈頓管理公司
（Wellington Management）董事會支持他新創先鋒集團。從先鋒集團的
章程可以看出，該公司的理念非常不同於主流：這家新創的投資管理公司
將推出一檔只追蹤股市大盤指數的股票共同基金，不採行任何主張主動型
股權的管理。不僅如此，該公司也「以成本價」經營，由公司管理的基金
吸收成本，把全部報酬還給股東。翌年，該公司又推出第三項創新：先鋒
成為免收銷售費的基金（no-load fund），亦即不收取銷售佣金。

縱使在最好的境況下，創造全新的東西都是相當艱難的事，先鋒
也不例外，產品孕育期長，誕生時痛苦。柏格的理念根源遠溯至他在普
林斯頓大學大四時的論文，那是二十五年前的 1950 年所撰寫的。富國
銀行（Wells Fargo）於 1969 年首創指數型基金，引起柏格的注意。
（譯註：很多人誤以為世上第一檔指數型基金由先鋒集團推出，其實是
富國銀行，但富國銀行的這檔基金只有機構投資人及大型退休基金能購
買，個人投資人不能購買。先鋒推出的是第一檔開放大眾購買的指數
型基金。）柏格也從基礎的學術理論汲取靈感，特別是保羅‧薩謬爾
森（Paul Samuelson）在 1974 年發表於《資產組合管理期刊》（*The
Journal of Portfolio Management*）上的一篇開創性論文，這位諾貝爾經濟
學獎得主在該文中擬想一檔讓投資人只需追蹤大盤的基金。

柏格設法吸引有名氣的承銷商，他在 1976 年 8 月正式推出「第
一指數投資信託基金」（First Index Investment Trust），但是市場對
該基金的接受度並不踴躍（如此形容，算是客氣了），投資人只購買
了 1,100 萬美元。這檔基金推出不久後，薩謬爾森在其《新聞週刊》

（*Newsweek*）專欄中予以稱讚，但這讚美沒能為先鋒帶來多少助力，到了 1977 年中，這檔基金規模只達到 1,700 萬美元。先鋒的營運模式仰賴他方代銷，推出指數型基金的背後理論認為，股票經紀人在幫助客戶挑選主動型基金方面毫無助益，想當然爾，這些被你認為對客戶沒助益的經紀人，怎麼會樂意推銷先鋒的這檔基金呢？

在投資業的自我利益洪流中游泳，自然是困難重重，但柏格執拗地緊抓新的事業模式，好鬥好強地在這場戰役中堅定奮戰。當然啦，在面對主動型管理的鐵律時，先鋒的基金具有一個基本優勢：主動型基金的平均毛報酬率必須起碼等於大盤報酬率，但由於它們的收費明顯高於被動型基金，以至於平均淨報酬率總是低於被動型基金的平均淨報酬率。再加上，並無明顯的序列相關證明主動型基金報酬率具有擊敗大盤報酬率的能力，換句話說，今天的贏家明年未必是勝出者，無可避免的結果是，平均而言，主動型基金的報酬率表現輸給大盤，參見＜圖表 3-1 ＞。

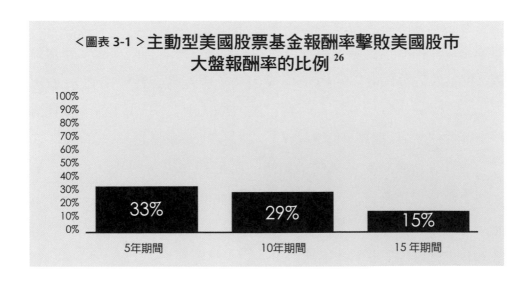

＜圖表 3-1 ＞主動型美國股票基金報酬率擊敗美國股市大盤報酬率的比例 [26]

先鋒的起始資本慘淡，接下來管理的資產規模慢慢增加，把愛塞特基金（Exeter Fund）併入旗下也有所增益。就這樣，公司慢慢地達到了一個像樣的規模，如＜圖表 3-2 ＞所示。不過，仍然得再過十多年，先鋒才達到充分脫離地心引力的成長速度，不過，一旦它開始飛升，其升弧極其驚人，到了 2015 年年底，先鋒管理的資產已超過 3 兆美元。

＜圖表 3-2 ＞**先鋒管理的資產規模（1975 年—2015 年）**[27]

指數股票型基金（ETFs）的問市，也為先鋒的成長添了把火，ETFs 大多是仿效先鋒開創的低成本及被動投資管理方法。一開始的涓流，現在已經變成了洪流，如＜圖表 3-3 ＞所示，從 2007 年到 2013 年的七年間，主動型共同基金規模下滑了 6,000 億美元，ETFs 和國內股票共同基金規模則是增加超過 7,000 億美元。

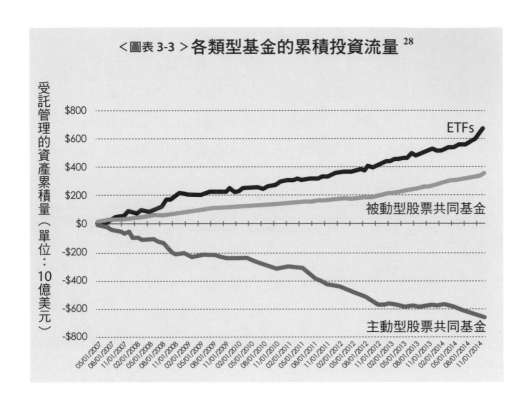

<圖表 3-3 >各類型基金的累積投資流量 [28]

受託管理的資產累積量（單位：10億美元）

ETFs

被動型股票共同基金

主動型股票共同基金

▌效益面與障礙面

商場上，少有複雜程度能比得上一個新事業模式的崛起與最終成功的情況。想想先鋒崛起時所處的種種環境：市場上有巨大且成功的在位者（主動型共同基金）；一個專心致志的創業者；一個先進的知識領域；快速進步中的電腦技術；根深蒂固的通路阻力；消費者資訊錯誤等等。

在這種情況下，得靠策略師仔細地對複雜性抽絲剝繭，最終抓住最核心的競爭現實洞察。

為了解先鋒的崛起與優勢，我必須先指出以下特徵：

1. 一個新起之秀發展出一個較優的、異端的事業模式。
2. 這個事業模式有能力成功挑戰非常根深蒂固的、巨大而難對付的在位者。
3. 這個新秀穩定地累增顧客，在此同時，領先的在位者仍看似癱瘓，未能作出反應。

不是只有先鋒集團具有這些元素，類似劇情片段經常一再上演，想想戴爾公司（Dell）vs. 康柏電腦（Compaq），諾基亞（Nokia）vs. 蘋果，亞馬遜 vs. 博德斯（Borders），In-N-Out 漢堡 vs. 麥當勞，嘉信理財（Charles Schwab）vs. 美林證券（Merrill Lynch），網飛 vs. 百視達等等。但是，這些例子總是產生相同的結果：在位者要不就是完全沒反應，要不就是反應得太遲。

常然，這些勝利並非偶然事件，而是策略的結果，新秀通常成功地為自己創造很多價值，同時也大大削弱在位者的價值。回到市場力量的效益面／障礙面特性：

● **效益面**。新的事業模式優於在位者的事業模式，因為前者降低成本，以及／或有能力索取較高價格。在先鋒的例子中，該公司的事業模式產生的成本明顯較低（因為不需要昂貴的投資經理人；而且降低通路成本；刪除不必要的交易成本），進而轉化出較優的產品成果（亦即較高的平均淨報酬率）。由於先鋒把獲利還給基金

持有人，該公司實現的價值是市場占有率提高（策略的基本方程式中的 $\bar{s}$），而不是該公司本身的差額利潤（$\bar{m}$）提高。

● **障礙面**。反向定位的障礙看似有點神秘：巨大的在位者〔例如本例中的富達投資（Fidelity Investments）〕怎能長期被一個新秀持續地差辱呢？他們沒能預見先鋒事業模式的潛在成功嗎？在這類情況中，常有天真的旁觀者嚴厲批評在位者缺乏遠見，甚至歸咎於糟糕的經營管理，他們的這種指責也往往落在那些，往昔以商業敏銳度而獲得稱讚的公司身上。在很多例子中，這種批評其實不公平，有誤導性。在位者的不反應，往往是經過深思熟慮的結果，在位者觀察到新秀的新事業模式，並思考「繼續保持在原軌道上，抑或改採新模式，何者對我較有利？」反向定位適用在這種情境：當既有事業的預期損失促使在位者得出「不」的回答時。簡言之，豎立的障礙就是附帶損失（collateral damage）。在先鋒的例子中，在位者富達投資看著該公司收入豐厚的主動型基金業務，得出結論：新的被動型基金報酬不高，大概無法補償加入這新事業領域後導致公司旗艦產品（主動型基金業務）所蒙受的損失。

　　有了初步了解，我就可以把反向定位填入七種市場力量圖中了，參見＜圖表 3-4 ＞。

> **反向定位的定義：一個新進者採行一種新的、較優的事業模式，在位者基於預期其既有事業將蒙受的損害，決定不仿效這新的事業模式。**

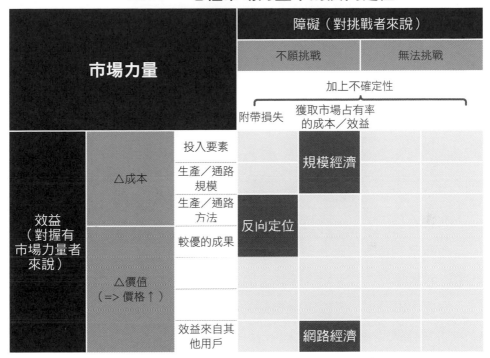

<図表 3-4 > 七種市場力量中的反向定位

市場力量			障礙（對挑戰者來說）			
			不願挑戰		無法挑戰	
			加上不確定性			
			附帶損失	獲取市場占有率的成本／效益		
效益（對握有市場力量者來說）	△成本	投入要素		規模經濟		
		生產／通路規模				
		生產／通路方法	反向定位			
	△價值（=> 價格↑）	較優的成果				
		效益來自其他用戶		網路經濟		

▎附帶損失的種類

　　在位者不仿效新進者，有幾種可能原因，這一節我將詳細探討這些原因差異，了解後將有助於釐清正確的策略姿態。我們可以這麼想像：在位者的執行長與事業發展團隊必須評估投資於（挑戰者的）新方法的利弊得失。

　　這新方法作為一個獨立事業，若報酬不誘人，就不投資，但這不是反向定位。事業發展團隊首先應該評估，這新方法作為一個獨立事業，

其預期報酬是否吸引人，把預期報酬不誘人的情況區分出來，這些不是反向定位。也就是說，事業發展團隊提出這個疑問：

<圖表 3-5 >反向定位關係圖之一

作為獨立事業，預期報酬誘人嗎？

不　　　　　是

若答案為「不」，在位者拒絕於事業中採行挑戰者的新方法時，就不需考慮附帶損失，因為新方法的預期報酬不佳，所以新方法本身是一個糟糕的賭注。

柯達（Kodak）面臨數位相機的挑戰是個極具教育意義的案例。柯達的事業模式是個傳奇，以顧客持續因需購買底片為基石，由於規模經濟及專利（這種市場力量是壟斷性資源，將在第六章探討），底片這產品讓柯達賺大錢。柯達在 1900 年推出第一台開創性的布朗尼相機（Brownie camera），到了 1930 年，柯達成為道瓊工業指數（Dow Jones Industrial Index）籃中的公司之一，此後該公司停留於這指數籃中超過四十年，顯示柯達是一家傑出的企業帝國。

數位照相術問世後，一切為之改觀。任何人都能從摩爾定律推測，這家類比化學公司終將隕落。事後評論家回顧時，斥責柯達的經營管理階層很糟糕，缺乏遠見，存在組織惰性。有理智的人大概會疑問：「一家舉世最優的公司之一，怎麼會如此一敗塗地？」

嗯，這是個蠻有道理的疑問。這個疑問的答案，其實遠比許多人以

為的要簡單。事實上,柯達充分覺察自身的最終命運,並且花大錢去探索生存選擇,但是數位照相術對該公司而言,根本不是一個具有吸引力的商機。柯達的事業模式是建立在底片的市場力量上,柯達不是一家相機公司。取代底片的數位品是半導體儲存器,柯達沒有任何進入該領域的能力。柯達公司有優異的經營管理團隊,所以他們也採取了行動,在數位世界徒勞無益的探索,根本上反映了他們面臨的策略死路。技術前沿已經改變,消費者受惠,柯達則否。

這個情況可以更概括地用以下三個形勢來描繪:

1. 一個較優的新方法被發展出來(成本較低,及/或性能改善)。
2. 新方法得出的產品能夠高度取代舊方法得出的產品。在這個例子中,隨著半導體元件結構的縮小,數位成像已經可以完全取代化學成像。
3. 在位者能夠在這個新事業領域建立市場力量的前景渺茫。這可能因為產業經濟特性無法支持任何廠商建立市場力量(亦即產品只會變得商品化),或是在位者的競爭地位使其不可能建立市場力量。柯達的傑出長處在半導體記憶體領域根本使不上力,而且那些新的數位產品正走上無可避免的商品化之路。

這種重新發明很常見,而一味不公平地歸咎於在位者管理階層失靈的批評也很常見。經濟學家熊彼得(Joseph Schumpeter)用「創造性破壞的強風」(the gales of creative destruction)一詞來形容這類事件。

但這不是反向定位。柯達未作出反應,跟其底片事業的附帶損失無

關。這只不過顯示，數位照相術作為一個獨立事業，連為柯達建立市場力量的最微弱前景都沒有。面對這種情況，我們前面假設中的執行長將否決任何投資於這新方法的建議，從而得出以下結論：

<圖表 3-6 > 反向定位關係圖之二

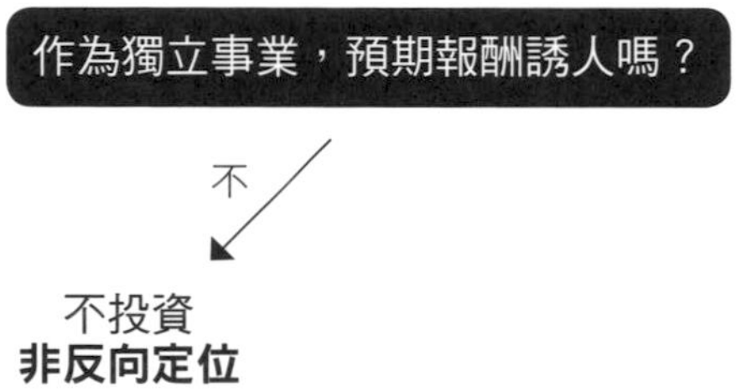

作為獨立事業，預期報酬誘人嗎？

不

不投資
非反向定位

在繼續討論附帶損失成為決定因子之前，我想先評論另一個常被討論的議題。有人說，柯達大可以把他們的事業視為影像儲存業，而非底片事業，這樣就能避免「行銷短視症」（譯註：marketing myopia，指企業在擬定策略時，過度關注自家產品，把注意力放在產品上或技術上，而不是市場。）[29]。不幸的是，縱使以更宏觀的角度去看待事業也幫不了柯達，因為柯達仍然欠缺半導體方面的能力，這一點是柯達糟糕結局的一個決定性因素。

接下來，我們繼續討論在位者必須考慮附帶損失的情況。

1. 擠牛奶（milking）

發生於當舊方法與新方法結合的淨現值為負時。在我們假設的這個

例子中，這個新方法不是數位儲存之於柯達，而是一個看起來頗有前景的獨立事業。在這種情況下，我們這位假設中的執行長將需要思考一些問題：

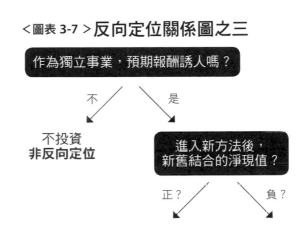

<圖表 3-7 >反向定位關係圖之三

這也是當被動型共同基金開始問市時，富達投資執行長奈德·強生（Ned Johnson）面臨的境況。不同於柯達的例子，富達投資具備發展與銷售被動型基金的所有必要能力，該公司是基金業巨人，你甚至可以合理地說，他們在這個領域的能力優於挑戰者先鋒集團的能力。

但是，進入被動型基金業務對富達投資現有的主動型基金業務將造成負面影響。主動型基金收取的費用較高，許多這類基金甚至還收取預付佣金（銷售費），若進入被動型基金業務，將會和主動型基金業務競食形成自相殘殺的局面，後者的收入將大大減少。再者，富達投資內部許多人會覺得自己將面臨生存威脅，因為以往在面對客戶時，他們一向

擁護主動型基金，現在公司推出被動型基金，之前那些擁護言論不就自打臉了嗎？他們合理地認為，新的被動型基金業務帶來的收益，根本彌補不了既有的主動型基金業務將蒙受的損失。

那麼，一個理性的在位者執行長就會決定不投資新方法。這種「不投資」的決定是一種反向定位的類型，我稱為「擠牛奶」，因為儘管新模式誘人，執行長基本上還是選擇繼續搾取一個衰退中既有事業的奶汁。

不過，就算新事業所獲得的報酬也許能彌補原事業的損害（亦即附帶損失），不投資新事業的決定仍然有其他的益處，那麼在位者就會決定不投資。這就是挑戰者豎立的障礙（參見＜圖表 3-8 ＞）。

關於擠牛奶型反向定位的動態變化，具有實務上的重要性，尤其是對挑戰者。隨著挑戰者侵蝕在位者的客群，在位者的原事業規模縮減，挑戰者在新事業模式的生存不確定性也降低。當這種情境發生時，經過風險調整後的預期附帶損失就降低了，此時理性的在位者（我們假設中的執行長）將發現，投資新事業模式帶來的報酬已經遠遠足以彌補對原事業造成的附帶損失，應該要投資了。這種延遲進入的情形經常發生，雖然一些人可能把這描述為在位者的拖拖拉拉，遲疑不決，但這往往只是在位者對環境的一種理性反應。

2. 歷史的奴隸：認知偏誤

假設一位外部的客觀分析師，檢視在位者採行新事業模式的潛力後發現，在位者採行此新事業模式的淨現值增值為正，這當然意味應該投資這項新事業模式，對吧？噢，沒那麼快，還有更多關於附帶損失的劇情尚未上演。認真思考的執行長若與這分析師的客觀見解不同，而且認

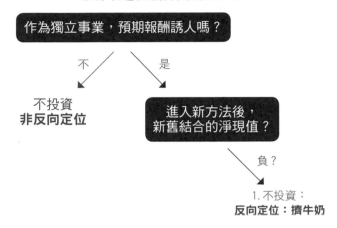

<図表 3-8 >反向定位關係圖之四

作為獨立事業，預期報酬誘人嗎？

不　　　　　是

不投資
非反向定位

進入新方法後，
新舊結合的淨現值？

負？

1.不投資：
反向定位：擠牛奶

為有更深層的其他價值減損，他們可能仍然會決定「不投資」。（參見
<圖表 3-9 >）

那麼，我們接下來就要探索導致這種差異的原因。

導致其他價值減損的潛在原因是什麼？很多，但在數十年的策略顧
問工作中，我注意到兩個普遍的原因。第一個原因涉及在位者面臨挑戰
時的特性：

1. 挑戰者的方法新穎，但初期還未獲得驗證，尤其是在外界眼裡充
   滿不確定性。此外，局勢的「低訊噪比」（譯註：signal-to-noise
   ratio，信號干擾的比例。訊噪比愈高，雜音愈少；反之雜音愈
   多。）使得不確定性增高。
2. 在位者有一個成功的事業模式，具有影響力且根深蒂固，如同經
   濟學家理查・尼爾森（Richard Nelson）及悉尼・溫特（Sidney

Winter）所言，這事業模式已經變成了「慣例」（routines）[30]，進而形成對世界如何運作的一個特定觀點，執行長可能不由自主地用這面透鏡來看境況，至少部分如此。

這兩個特性結合起來，經常導致在位者起初輕視挑戰者的新方法，嚴重低估其潛力。面對低成本的被動型基金，富達投資執行長奈德・強生曾經疑問：「怎麼會有人甘於接受平均水準的報酬率呢？」縱使客觀的觀察家可能判斷應該投資，但前述負面的認知偏誤可能導致執行長作出「不投資」的決策，這是第二種反向定位（參見＜圖表 3-10 ＞）。

3. 飯碗保障：代理問題

還有第二個價值減損，導致假設中的執行長拒絕客觀判斷有吸引力的投資決策：公司的目的（追求最大價值）不同於執行長或其他投資決

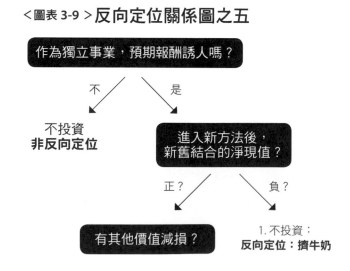

＜圖表 3-9 ＞反向定位關係圖之五

策者的目的。經濟學家稱此為「代理問題」（agency problem），因為代理人的行動目的與其代表的組織目的不一致。

通常，這跟公司的獎酬誘因有關。舉例而言，企業很難把執行長的獎酬設計成與長期的企業價值緊密關聯。評估一個反向定位的競爭者構成的威脅時，往往需要以多種方式去顛覆在位者的既有事業，這種動盪對企業價值的影響和其對於執行長的獎酬影響，鮮少對稱，縱使公司設有最實務的長期獎酬計畫亦然（譯註：投資於新事業的報酬潛力通常無法在短期充分實現，新事業還會侵蝕既有事業，影響公司的短期績效，執行長為了保障自己的獎酬與飯碗，選擇「不投資」）。

加上這第三種價值減損考量，就完成了反向定位中關於附帶損失這

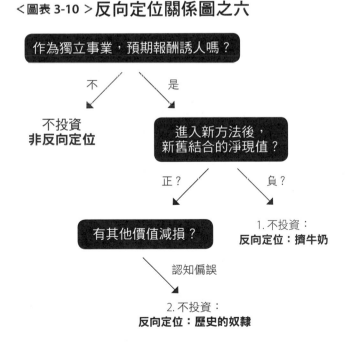

＜圖表 3-10 ＞反向定位關係圖之六

個障礙的剖析。

如<圖表 3-11 >這張完成圖所示，有三種反向定位，視牽涉到的附帶損失細節而定：擠牛奶；歷史的奴隸；飯碗保障。我在此說明，代理問題及認知偏誤問題二者並不互斥，而且經常同時出現，因為在顛覆一個既有事業時，執行長或投資決策者往往會反反覆覆地受到這兩個因素的影響。

下文還要探討三個與反向定位有關的主題：反向定位與眾所周知的「破壞性技術」概念之間的關係；反向定位的特性；簡單的數學闡釋。

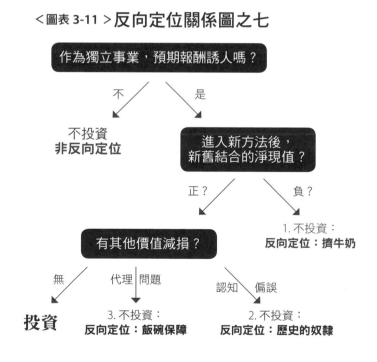

<圖表 3-11 >反向定位關係圖之七

反向定位 vs. 破壞性技術

已故哈佛大學教授克雷頓‧克里斯汀生（Clayton Christensen）的學識，以及他對於技術變化動向的精闢洞察，讓我受益良多。企業界太熟知他的研究論述了，因此我有義務把自己的反向定位論點拿來和他的破壞性技術（disruptive technologies）論點相比較。

反向定位的核心，是發展一個歷經時日有潛力取代舊事業模式的新事業模式，廣義來說，這就是一種破壞。不過，當我們考慮到「破壞性技術」的更確切含義時，事情就變得更複雜了。看看以下例子：

● 柯達 vs. 數位照相術：這是一種破壞性技術，但不是反向定位。
● In-N-Out 漢堡 vs. 麥當勞：這是反向定位，但不是破壞性技術（不涉及新技術）。
● 網飛串流事業 vs. 透過有線電視的家庭票房（HBO）：這既是反向定位，也是破壞性技術。

從上述例子可以看出，這兩個概念並不同義，或者更正式地說，這是多對多映射（many-to-many mapping），更概括來說也是如此：所有市場力量與破壞性技術之間的關聯性是多對多映射。前言提到，事業的潛在價值 = [市場規模] × [市場力量]，由於「破壞性技術」的概念沒有告訴我們關於市場力量的部分，因此也就沒有事業潛在價值的部分。[31] 所以，「破壞性技術」只是策略靜態學的附註內容。

到了本書的第二部「策略動態學」，克里斯汀生的洞察與論述就有

更大的關聯性了。在本書第二部，我們將學到，發明是市場力量的第一原動力，發明未必引領出市場力量，但有時可能創造出可建立市場力量的環境。當然，破壞是發明帶來的結果之一。

▌反向定位的觀察

以下提供一些有關於反向定位的觀察，對策略師特別有用。

- 如前言所述，我們必須站在與競爭者對立的角度來考慮市場力量，實際上與含義上皆然。這一點在思考反向定位這種市場力量時，尤其重要，因為這種市場力量只適用相對於在位者，並未推論這種市場力量相對於也使用新事業模式的其他廠商情況，所以反向定位只是一種部分策略。為了確保創造價值，競爭者必須用某種市場力量來應付其他類似的競爭者。例如，In-N-Out 漢堡用反向定位的市場力量來對付麥當勞，但在面對 Five Guys Burgers and Fries 漢堡之類的競爭者時，這種市場力量完全幫不了 In-N-Out 漢堡。

- 如同在討論附帶損失的種類時所言，認知偏誤可能導致在位者不跟進挑戰者的新事業模式。但是挑戰者的姿態可能會影響在位者的這個決定，促使在位者改變心意，改而跟進。挑戰者如何避免這種情形呢？在事業起升時，挑戰者應該避免大聲宣傳自己的優越性，克制這種衝動，擺出敬重在位者的調子。這種行為或許能導致在位者延遲客觀認知，讓挑戰者在新事業模式上取得搶先起

步優勢。

- 反向定位不是一種排他性的市場力量源頭。前面兩章介紹的市場力量（規模經濟與網路經濟）是獨家市場力量：市場上只能有一家具有這種市場力量的公司。這反映於我剖析市場力量強度時的「競爭地位」這個部分，要實現前面兩種市場力量，市場上只能有一家具有優勢競爭地位的公司。反觀，市場上可能（事實上是經常）存在許多挑戰者以反向定位來對抗在位者。

- 反向定位挑戰是最困難的管理挑戰之一。2008 年我開始於史丹佛大學授課，諾基亞是智慧型手機領域的領先者，到了 2014 年，諾基亞已經從這個市場上消失了。諾基亞的執行長史蒂芬·艾洛普（Stephen Elop）在 2011 年時寫的備忘錄〈燃燒的平台〉（*Burning Platform*）貼切地描繪了反向定位在位者的深切沮喪：

> 當競爭者對我們的市場占有率放火時，諾基亞怎麼做呢？我們落後，我們錯過大趨勢，我們流失了時間。在當時，我們以為自己作出了正確決策，但從後見之明來看，我們現在發現，我們已經落後多年。
>
> 首批 iPhone 在 2007 年出貨，到現在，我們仍然沒有一個體驗與之相近的產品。安卓（Android）手機兩年前才問市，但這星期，它們已經在智慧型手機銷售量上取代了我們的領先地位。真是令人難以置信。
>
> 　　　　　　　　　　　　　　　諾基亞執行長史蒂芬·艾洛普

- 雖然這不是必然的情形，但我注意到一個經常重複上演的、有關於在位者如何反應反向定位挑戰的劇情。我稱為「面對反向定位挑戰的五階段」：

    1. 不理會
    2. 嘲笑
    3. 害怕
    4. 憤怒（艾洛普的前述評論反映的是這個「憤怒」階段）
    5. 屈從（往往太遲了）

- 當市場侵蝕變得嚴重時，反向定位的在位者承受必須採取行動的巨大壓力，但在此同時，他們也承受不能破壞傳統事業模式的巨大壓力。這種雙重壓力的常見結果是什麼？我們可以稱為「淺淺地涉足（dabbling）」：在位者把腳趾涉入水中，但拒絕對挑戰作出夠重大的回應。

- 反向定位往往得出下列並進的發展：

    ▶ 挑戰者方面
        ▷ 市場占有率快速增加
        ▷ 強勁的獲利力（或至少呈現這樣的前景）

    ▶ 在位者方面
        ▷ 市場占有率流失
        ▷ 無法反制新進者的行動
        ▷ 最終，管理階層動搖
        ▷ 屈從，但往往太遲了

▌挑戰者的優勢

一個地位牢固、具有明確市場力量的在位者，非常難對付，這是不言自明的事，除非這在位者很長一段期間表現得很無能，否則挑戰該公司往往是輸家賽局，這種賽局一點也不好玩。超微半導體公司長期奮戰，仍無力於擺脫英特爾的陰影，就是一個例子。

話雖如此，仍然有戰術可以把在位者的長處轉化為弱點，扭轉乾坤。拳王穆罕默德‧阿里（Muhammad Ali）臨機應變，使用他的「邊繩誘敵」（Rope-A-Dope）戰術，擊敗強悍的對手喬治‧福爾曼（George Foreman）：阿里利用福爾曼的直進風格與信心，誘使他拼命出拳，消耗他的體力。

在商場上，這種逆轉很少見，因為競賽通常持續很長一段期間，所有各方深思熟慮，縱使在位者出現片刻的閃失，也不會為挑戰者構成一個足夠的好時機。唯一值得下注的是，儘管在位者做著最擅長的事，挑戰者仍然有可能顛覆局勢。一個英明的反向定位挑戰者必須利用在位者的優勢，因為就是這個優勢形成了障礙（附帶損失）（譯註：若跟進採用挑戰者的新事業模式，可能對在位者的現行事業模式構成相當大的附帶損失，考量到附帶損失，使得在位者決定不採用新事業模式。）。

▌反向定位的力量

就反向定位來說，市場力量中的「競爭地位」是二元性：挑戰者採用異端的事業模式，在位者使用舊的事業模式。這種市場力量的「產

業經濟特性」，指的是新事業模式的核心特性：新事業模式必須比較優異，必須導致在位者預期採用新事業模式時，既有事業將蒙受附帶損失。這些層面決定了市場力量的強度，參見＜圖表 3-12 ＞。

＜圖表 3-12 ＞**市場力量強度決定因子**

	產業經濟特性	競爭地位
規模經濟	規模經濟強度	相對規模
網路效益	網路效應的強度	現有用戶數量的絕對差距
反向定位	新事業模式優越性 + 舊事業模式的附帶損失	二元性：新進者使用新事業模式 在位者使用舊事業模式
轉換成本		
堅實品牌		
壟斷性資源		
流程效能		

附錄 3-1

▎反向定位領先者的超額利潤公式推導

<u>為了衡量市場力量強度，我思考這個問題：「當價格使得不具市場力量的公司（W）完全沒有獲利時，是什麼決定具有市場力量的公司（S）的獲利力呢？」在反向定位（CP）的情況中，W 是在位者，S 是挑戰者。</u>

兩種事業模式完全是變動成本：獲利 ＝ π =[P － c]Q

其中，P ≡ 價格

c ≡ 每單位變動成本

Q ≡ 產量

有兩種事業模式：O 代表舊事業模式，N 代表新事業模式

N 是較優的事業模式 => $^{N}C < {^{O}C}$；N 透過 $^{N}P < {^{O}P}$ 來競食 O。

在位者 W 面臨是否要進入新事業模式（N）的選擇。

領先者超額利潤（SLM）是，當定價使得較弱的廠商利潤為零時，具有市場力量的公司能夠賺得的利潤。領先者超額利潤是衡量市場力量強度的一種指標，正值的超額利潤讓挑戰者 S 有機會增強獲利及／或市場力量地位。在網路經濟與規模經濟的情況下，規模領先者是強公司 S，領先者超額利潤代表強

公司 S 有多少餘裕可以報復弱公司 W 的競爭挑戰行動,以保護其市場占有率。在反向定位的情況下,S 是挑戰者,為增強其市場力量地位,必須降低在位者 W 進入新事業模式(N),以和挑戰者 S 對戰的可能性。為降低這種可能性,涉及提高在位者 W 進入新事業模式之下的附帶損失。

在反向定位中,當在位者 W 決定進入新事業模式(N)後,若其獲利力的增量為零(亦即舊事業模式的附帶損失正好抵消了新事業模式帶來的獲利),那麼,領先者超額利潤(SLM)就是挑戰者 S 的利潤。

簡化起見,我將把這視為一個單一期的問題來檢視,不過在真實世界中,這些事業可能得評估多個時期。

所以,若在位者 W 進入新事業模式後,其舊事業模式的附帶損失正好抵消了新事業模式帶來的獲利:

(註:我將去掉 W 及 S 這兩個符號,因為附帶損失只發生於在位者 W)

SLM => $^N\pi + \triangle^O\pi = 0$,其中,$\triangle^O\pi$ 是在位者 W 進入新事業模式後,導致其舊事業的獲利變動

CP => ^{N}利潤率 × ^{N}營收 + ^{O}利潤率 × $\triangle^O$營收 = 0

$^Nm \times [^NP \times {}^NQ] + {}^Om \times [^OP \times \triangle^OQ] = 0$,其中,Q ≡ 單位量,m ≡ 利潤率

$^Nm \times [^NP \times {}^NQ] = -{}^Om \times [^OP \times \triangle^OQ]$

$^Nm = {}^Om \times [^OP / {}^NP] \times [-\triangle^OQ / {}^NQ]$

讓 δ 代表在位者 W 進入新事業模式 N 後,其舊事業模式

O 的被競食率：$\delta = - \triangle\,{}^{O}Q/\,{}^{N}Q$

因此，$\boxed{\text{SLM} = {}^{O}m \times [{}^{O}P/\,{}^{N}P] \times \delta}$

所以，SLM > 0，再加上先前的條件 ${}^{N}P < {}^{O}P$ 及 ${}^{N}C < {}^{O}C$，這描述的是〔反向定位：擠牛奶〕的情形，效益面與障礙面都很明顯。

以下進一步說明這公式的含義：

- 若 $\triangle\,{}^{O}Q = 0$，意味在位者 W 預期他們進入新事業模式 N 後，將不會導致舊事業 Q 的業務量損失。
- 那麼，$\delta = 0$。
- 這將使得 SLM = 0，因此不會有反向定位。
- 當然，也不會有附帶損失。
- 於是，常觀察到的行為是，反向定位的在位者將尋找那些在提供 N 之下，也不會造成 O 顧客損失的顧客區隔市場。
- 例如，2015 年 10 月 24 日《金融時報》（*Financial Times*）的一篇報導：迪士尼最受喜愛的角色與故事將在新串流服務中數位化，於下個月率先在英國推出。

   迪士尼視界（DisneyLife）把書籍與音樂事業、動畫與實景真人電影事業結合起來，使迪士尼成為在線上直接向消費者供應串流內容的最大媒體公司。

   迪士尼計畫於明年在歐洲推廣這服務，目標是在法國、西班牙、義大利及德國推出，該公司說，將在這平台上

陸續增加供應的內容。

……該公司並未計畫在其最大的市場——美國，推出這項服務，因為這服務可能與迪士尼和為其遞送電影，以及電視內容的有線電視與衛星公司之間的許多合約內容重疊。

- 若 $\delta < 1$，意味在位者 W 進入新事業模式 N 後，其舊事業模式 O 的損失大於新事業帶來的數量增加。

    ▶ 在位者不可能反向定位，因為若要反向定位，新事業模式 N 的利潤，必須大到足以抵消新事業模式 N 的較低價格及舊事業模式 O 的數量損失。

    ▶ 因此，若在位者要進入新事業模式 N，必須能預期加入新事業模式後，N 的數量增加大於舊事業 O 的數量損失。

- 關於反向定位的諷刺點之一是，在位者 W 的利潤愈高，SLM 愈高，當然就意味著，若進入新事業模式，舊事業被侵蝕而導致的損失愈高。所以，反向定位可能對非常成功的在位者構成相當大的挑戰。

- 注意 SLM 公式裡的成分，有助於探討認知偏誤（歷史的奴隸）的可能性。在考慮進入新事業模式 N 時，在位者往往因為認知偏誤，導致他們的期望 δ 升高，進而使 SLM 增加。

    ▶ 在位者 W 對 $\triangle\,^{O}Q$ 的確定性程度高於 ^{N}Q，因此他們往往低估 ^{N}Q。例如，W 公司內部想推動公

司進入新事業模式 N 的人，往往不想作出太多許諾。

▶ 這導致認知偏誤的反向定位（歷史的奴隸），不投資於新事業模式。

● 我們也可以透過 SLM 公式的透鏡來探討代理效應（飯碗保障）的可能性。

　▶ 例一 一位重要的決策影響者是舊事業 O 的主管。

　　▷ O 事業向來是公司的主力事業，所以此人的意見分量重。

　　▷ 但是，N 事業的績效歸屬另一個事業單位或事業群。

　　▷ 所以，使用本章舉的例子，想像新成立的被動型基金所管理的資產，將不會讓主動型基金經理人居功，這是相當切合實際的假設。

　　▷ 這種安排下，對此人（或這個事業單位）而言，$^N Q = 0$，這意味著 $\delta = \infty$，他極可能會極力反對進入事業模式 N，這是〔反向定位：飯碗保障〕。

　▶ 例二 在執行長層級，公司的獎酬計畫可能側重近期績效（例如今年的績效）。雖然在這篇附錄中我使用單一期間來推導公式，但真正的計算應該使用未來多年的淨現值，而且如前所述，未來多年的權值應該比較重。但是，代理效應使得執

行長層級側重短期，這可能導致他們在計算新事業的 NVP 時，降低未來多年的權值，這種計算使得舊事業的附帶損失愈來愈不可能在未來被彌補。

- 讀者也應該記住，在反向定位中，代理及認知偏誤並不與擠牛奶的情況互斥，事實上，它們經常同時作用。

- 動態效應：

  ▶ 歷經時日，δ 降低，市場力量的強度也降低（或許連反向定位也完全被棄置）。

  ▶ 發生這種情形的原因是，隨著舊事業模式 O 被新事業模式 N 競食的加劇，^{N}Q 往往上升，因為 N 已經被驗證出商機更大；而△ ^{O}Q 往往降低，因為可以看出，O 事業的損失主要是因為挑戰者的入侵，而不是因為在位者 W 進入新事業模式 N。

  ▶ 此外，在位者 W 傾向加大附帶損害規模（受代理效應與認知偏誤影響）的情況，也往往隨著時日減輕。因為圍繞著 N 的威脅性與不確定性降低了，在位者 W 公司內部原先支持舊事業模式 O 的代理人的信譽及影響力也往往降低。

  ▶ 由於 δ 降低，SLM 下滑，附帶損失可能變得不足以制止在位者 W 進入新事業模式 N。這是本章前文提到的「屈從」點。

- 我了解，這公式非常不寫實，不過公司未來的獲利計

算，理論上通常不複雜，因此這不寫實的公式仍然可以大致描繪真實世界的情境。

- 戰術上來說，挑戰者 S 一開始訂定使得 ^Nm 很低（遠比 ^Om 低）的價格，可能是個好主意。

  ▶ 在位者 W 通常可以觀察到 ^Nm 及 ^NP，但觀察不到 δ。

  ▶ 因此，若 $[^NP/^OP]$ 相當低，那麼在位者一定會樂觀以對低競食率（δ）、進而得出 SLM > 0，在位者才會決定反向定位。

  ▶ 一個特殊的情況是，挑戰者起初把 N 的價格（^NP）訂得很低，低到使得 $^Nm < 0$，這使得 $[^Nm/^Om] < 0$，以確保在在此價格之下，在位者舊事業的附帶損失將需要經過很長期間才能彌補回來。由於在位者 W 可以觀察到 ^NP，但無法觀察到挑戰者 S 的動機，W 很可能低估 S 未來將把價格調高到使得 $^Nm > 0$ 水準的可能性，但 S 知道這點（假設他是價格領導者的話）。

轉換成本
上癮症

▌惠普的苦惱

　　思愛普（SAP）是企業資源規畫（ERP）軟體的全球領先供應商，用戶仰賴此軟體來收集與分析營運一家現代企業的基本必要資料：會計資料、銷售追蹤、製造管理等等。儘管思愛普在 ERP 系統領域如此成功，該公司並不是顧客滿意度的典範，非營利組織美洲思愛普用戶群（Americas' SAP Users' Group，ASUG）執行長吉奧夫‧史考特（Geoff Scott）指出：「身為前任資訊長，我最常聽到事業夥伴的抱怨之一，是思愛普用戶體驗的複雜性與困難度。」[32] 康博軟體公司（Compuware Corporation）最近對歐洲及美國的 588 個思愛普客戶進行調查，43％的客戶不滿意思愛普軟體所有元件的回應時間，近乎所有客戶都覺得，思愛普系統的效能問題會導致自家公司的財務風險，50％的客戶覺得無法預測思愛普系統的效能。[33] 但是，另一項對一千多個客戶進行的問卷調查結果顯示，89％的客戶預期在近期的未來繼續支付思愛普維修年費。

³⁴ 為何顧客會繼續付費使用他們不喜歡的產品呢？早年曾流行一句話說：「沒人會因為購買 IBM 產品而被開除」，現在彷彿這句話被以下這句取代了：「沒有會因為繼續使用思愛普產品而被開除」。

這種弔詭現象的解釋，就是本章要探討的另一種市場力量：轉換成本（Switching Costs）。蘋果公司牢牢抓住 iTunes 顧客，就是一個簡單的例子：蘋果下載使用的是一種專有格式，所以若轉換至另一種程式，你就喪失之前購買的產品了，這麻煩很大，所以很多顧客繼續被套牢。

ERP 系統則是更複雜、規模更大的例子，更換任何 ERP 系統涉及的成本很高。一旦把客戶的事業整合到 ERP 系統裡，員工除了學習此系統的高成本，還必須和新服務團隊建立關係來解決問題，也需要投資相容軟體，把系統客製化符合客戶的需要。這些作業完成之後，若想更換系統，成本極高，必須花時間與心力去研究其他的競爭性產品；評估更換 ERP 系統及所有互補性軟體的採購成本；轉移資料；重新訓練員工；建立新關係；甘冒服務中斷的風險；從一種系統轉換至另一種系統的過程中可能遺失資料的風險等等。

轉換成本有多麻煩，可以看看惠普公司把北美伺服器銷售事業單位（當時年營收約 75 億美元）轉換成思愛普系統的例子。這是遵循惠普總公司的命令，全公司必須採用相同的一套 ERP 系統，因此該事業單位別無選擇，不論成本多高，都必須承受。

2004 年 5 月時，克莉絲汀娜‧漢格（Christina Hanger）是惠普北美資深營運副總，在轉換思愛普系統方面，她是老手了，自惠普收購康柏電腦以來，她已經五度督導過這種轉換作業。³⁵ 她根據以往經驗，作出時程規畫：用三週時間從舊訂單登錄系統轉換成思愛普系統，外加三週

時間做其他的伺服器存貨盤點登錄。漢格還下令奧瑪哈地區的惠普工廠增加產能，以應付這系統轉換期間可能出現意料之外的生產需求。一言以蔽之，她做好萬全準備。

但是，她的細心準備，顯然還不足以防止發生問題：

> 從新系統六月初開始上線運作後的一整個月，多達 20% 的伺服器顧客訂單追蹤紀錄，在舊訂單登錄系統與思愛普系統之間消失。[36]

賣伺服器的，可不是只有惠普這家公司，顧客可以輕易改向戴爾公司或 IBM 購買。所以，當顧客訂單積壓得愈來愈多時，顧客不耐等待走人，惠普開始失去生意。後來，惠普執行長卡莉・費奧莉娜（Carly Fiorina）在與分析師的電話會議中說，這場大混亂導致惠普 1.6 億美元的財務損失。惠普的經驗完美展示更換 ERP 系統不僅涉及高轉換成本（轉換成本遠超過軟體本身），還涉及規畫這種轉換作業時充滿令人畏怯的不確定性。

思愛普這吊詭的高顧客留住率與低顧客滿意度組合，反映了一項高價值軟體產品對一家企業的經濟現實，但也伴隨著高轉換成本。顧客一旦買了產品，就無可救藥地被套牢了，讓思愛普收穫未來的維修年費、更新費、附加服務費、軟體與諮詢等等收入流。此外，像思愛普這種靠客戶契約賺錢的公司，自然有誘因去調高這些服務的價格。思愛普的股價持續攀升（如＜圖表 4-1＞所示），可茲證明倚恃顧客的這種依賴性事業模式所帶來的效力與持久性。[37]

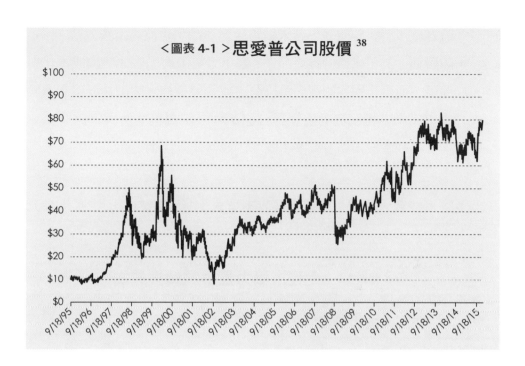

<圖表 4-1 >思愛普公司股價 [38]

效益面與障礙面

當消費者重視長期從特定公司多次購買來的相容性產品時,就會出現轉換成本,這些多次購買可能包括重複購買相同產品,或是購買互補性產品。[39]

● **效益面**。對現有顧客嵌入轉換成本的公司,可以索取比供應同樣產品或服務的競爭者更高的價格。[40] 這種效益只發生於,具有市場力量的公司對現有顧客銷售後續產品時,對潛在(尚未購買的)

顧客就沒有這種效益，若未銷售後續產品，也沒有這種效益。

● **障礙面**。為了供應同樣產品[41]，競爭者必須對顧客的轉換成本作出補償，而套牢顧客的廠商可以訂定或調整價格，使潛在競爭者處於成本劣勢，擺明發動挑戰對自己不利。跟規模經濟與網路經濟一樣，不利奪取市場占有率的成本／效益成為挑戰者面臨的障礙。

了解這些後，我就可以把轉換成本填入七種市場力量圖中了，參見<圖表 4-2 >。

<圖表 4-2 >七種市場力量中的轉換成本

市場力量		障礙（對挑戰者來說）		
		不願挑戰	無法挑戰	
		加上不確定性		
		附帶損失	獲取市場占有率的成本／效益	
效益（對握有市場力量者來說）	△成本 投入要素		規模經濟	
	生產／通路規模		規模經濟	
	生產／通路方法	反向定位		
	△價值（=> 價格↑） 較優的成果	反向定位		
	情感向性		轉換成本	
	不確定性		轉換成本	
	效益來自其他用戶		網路經濟	

> **轉換成本的定義：顧客預期，若下次購買時轉換至另一家供應商將發生的價值損失。**

轉換成本的種類

轉換成本可區分為三大類：[42]

1. **財務性質**。財務性轉換成本（financial switching costs）包括那些從一開始用貨幣交易的成本。以 ERP 系統來說，財務性成本包括購買新的資料庫，以及互補性應用產品的總成本。

2. **程序性質**。大家對程序性轉換成本（procedural switching costs）比較模糊，但其說服力絲毫不亞於財務上的轉換成本，程序性轉換成本來自對新產品的不熟悉，或伴隨採用新產品而來的風險與不確定性。當員工已經投資時間與心力去學習如何使用一樣特定產品的細節後，重新訓練他們使用另一套系統，成本明顯相當高。在思愛普的例子中，思愛普系統的功能廣泛應用於企業部門，這意味著，人力資源部門、銷售與行銷部門、採購部門、會計部門以及許多單位的經理人，全都已經學習如何製作基於思愛普系統及其互補性軟體的報告。這種系統轉換迫使組織內許多人員必須改變他們的日常例行工作，很容易滋生組織人員的不滿。
此外，程序性改變開啟錯誤之門，若涉及到資料庫，錯誤的成本尤其高，因為牽涉到顧客資訊的完整性。縱使一個競爭者提供服務及方案來幫助顧客過渡難關，往往也是耗費成本且不完美。

3. **關係性質**。關係性轉換成本（relational switching costs）是指打
　破那些透過使用原產品、以及透過與其他使用者及服務供應商互
　動而建立起來的情感連結所造成的損失與痛苦。客戶往往和供應
　商的銷售與服務團隊建立起密切、有益的關係，這種熟悉、容易
　溝通與相互好感，可能導致組織人員抗拒破壞原關係轉換去另一
　家供應商。此外，若顧客對現用產品產生了感情，對他們的用戶
　身分有了認同感，或者他們喜歡存在用戶社群中的友誼，這類情
　感向性（affective valence/emotional valence）可能使得他們不
　願意改變用戶身分，不想放棄這社群。[43]

▌轉換成本乘數

　轉換成本是一種不具有排他性的市場力量，所有廠商都能取得這種
效益。IBM 與甲骨文是思愛普的競爭者，也因為高顧客留住率及轉換成
本而受益。當一個市場成熟時，所有廠商都能看出轉換成本的效益，也
都能計算出已經取得的顧客價值，通常這會導致搶顧客的激烈競爭，把
取得「新顧客」的效益套利掉。[44] 所以，廠商應該盡可能在這種摧毀價值
的競價套利之前搶顧客，以攫取更大價值。

　若不銷售更多相關產品給顧客，轉換成本的市場力量就無法提供什
麼效益了。為了確保顧客購買更多相關產品，一種戰術是發展愈來愈多
的附加產品，思愛普就是這麼做的，取材自維基百科（Wikipedia）的＜
圖表 4-3 ＞是該公司的產品清單。[45]

<図表 4-3 >思愛普供應的產品 [46]

- SAP 高級計畫器和優化器（APO）
- SAP 分析
- SAP 高級業務應用程序編程（ABAP）
- SAP 服裝和鞋類解決方案（AFS）
- SAP 業務訊息倉庫（BW）
- SAP 商業智能（BI）
- SAP 目錄內容管理（CCM）
- SAP 融合計費（CC）
- SAP 企業採購員專業人士（EBP）
- SAP 企業學習
- SAP 門戶（EP）
- SAP 交換基礎設施（XI，從 7.0 版開始，SAP XI 已重命名為 SAP 流程整合）
- SAP 擴展倉庫管理（EWM）
- SAP 治理、風險和合規（GRC）
- SAP 環境、健康、安全和管理（EHSM）
- SAP 企業中心組件（ECC）
- SAP HANA（以前稱為高性能分析設備）
- SAP 人力資源管理系統（HRMS）
- SAP 成功因素
- SAP 網路事務服務器（ITS）
- SAP 激勵和佣金管理（ICM）
- SAP 知識倉庫（KW）
- SAP 製造
- SAP 主數據管理（MDM）
- SAP 快速部署解決方案（RDS）
- SAP 服務和資產管理
- SAP 面向行動業務的解決方案
- SAP 解決方案編輯器
- SAP 策略企業管理（SEM）
- SAP 測試數據遷移服務器（TDMS）
- SAP 培訓和活動管理（TEM）
- SAP 織網應用程序服務器（Web AS）
- SAP x 應用程式
- SAP 供應鏈績效管理（SCPM）
- SAP 可持續發展績效管理（SUPM）

　　企業購併也有助於顯著加快產品線的延伸，是另一種形式的研發外包，也是思愛普的戰術之一，該公司極富野心的購併行動可茲為證 [47]，參見<圖表 4-4 >。

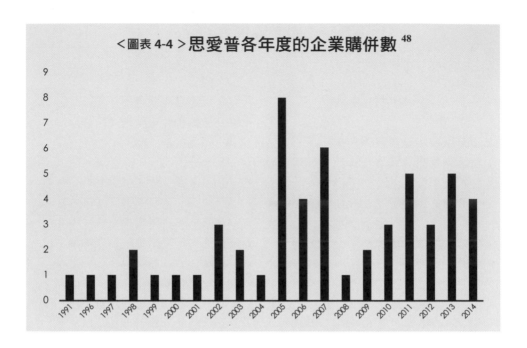

< 圖表 4-4 >思愛普各年度的企業購併數 [48]

建立這樣的產品組合，有助於提高上述三類轉換成本：不僅擴大轉換成本的範圍（財務性質），也藉由使客戶愈來愈難擺脫這些產品，提高了轉換成本的強度（程序性質）。產品高度整合至客戶的營運裡，以及必須的人員密集訓練，這些可能進一步抑制客戶離去的念頭。此外，這些訓練也可能使客戶方和目前的供應商建立起情感連結（關係性質）。

▌產業經濟特性與競爭地位

如前所述，轉換成本是一種不具有排他性的市場力量，所有廠商都能取得這種效益。因此，轉換成本的大小（強度）來自「產業經濟特

性」，而所有廠商平等面對這些條件。唯有當你有顧客時，轉換成本的潛在效益才可能發生，因此轉換成本這種市場力量的「競爭地位」是二元性的：你有顧客，或你沒有顧客。

我必須在此註明，技術的結構性變化可能會掃除這種優勢，ERP 軟體公司深知這點，所以思愛普和甲骨文才會竭盡所能地確保自己不被雲端型應用程式超越。

同樣重要的是，轉換成本也能為其他種類的市場力量鋪路。把用戶連結起來，以及建造大量的互補性產品供應，可能產生網路效應。或者，如果這些被轉換成本套牢的使用者，對產品的偏好外溢到更廣的潛在顧客池，你可能會發現自己享有「堅實品牌（Branding）」的效應（參見第 5 章）。

＜圖表 4-5 ＞市場力量強度決定因子

	產業經濟特性	競爭地位
規模經濟	規模經濟強度	相對規模
網路效益	網路效應的強度	現有用戶數量的絕對差距
反向定位	新事業模式優越性＋ 舊事業模式的附帶損失	二元性：新進者使用新事業模式 在位者使用舊事業模式
轉換成本	轉換成本的大小（強度）	目前的顧客數
堅實品牌		
壟斷性資源		
流程效能		

轉換成本領先者的超額利潤公式推導

S 是強公司，W 是弱公司，在這個情況中，弱公司指的是沒有顧客的公司。

$_sQ$ 數量的消費者已經使用 S 的產品，我將檢視後續銷售產品 $_sQ$ 能帶給 S 的效益。

簡化起見，假設兩家公司的後續產品效用相同，因此由於轉換成本△，S 能夠索取溢價：

$$_sP = △ + _wP$$

簡化起見，假設生產過程沒有固定成本。

$$獲利 \equiv \pi = [P - c]Q$$

$$其中，P \equiv 價格$$

$$c \equiv 每單位變動成本$$

$$Q \equiv 每個期間的產量$$

作為力量的指標，我們評估：

若價格（P）使得弱公司獲利為零（$\ni W^\pi = 0$），是什麼決定強公司（S）的利潤？

弱公司 W：$W^\pi = 0 => 0 = (_wP - c)_sQ => _wP = c$

△是每單位的轉換成本

強公司 S 能夠索取溢價，因此，$_sP = △ + c$

$$\therefore \ _s\pi = [(\triangle + c) - c]\ _sQ$$

$$_s\pi = \triangle\ _sQ$$

超額利潤 SLM = $\triangle$

產業經濟特性：$\triangle$

競爭地位：$_sQ$

CHAPTER 5
堅實品牌
消費者感覺良好

2005 年，美國廣播公司（ABC）的晨間新聞節目《早安美國》（*Good Morning America*）在蒂芬妮（Tiffany & Co.）以 $16,600 美元購買一只鑽石戒指，在好市多（Costco）以 $6,600 美元購買一只大小與切割相似的鑽石戒指。接著，他們請聲譽卓著的寶石學暨鑑定專家馬丁・富勒（Martin Fuller）來評估這兩只戒指的價值。富勒評估在好市多買的這只戒指為 $8,000 美元外加鑲嵌成本，比售價高出超過 2,000 美元，主持人說：「這有點令人驚訝，我們一般不認為能在好市多這樣的

<圖表 5-1 >訂婚戒指的價格比較

銷售商及產品，1 克拉	起價（美元）
蒂芬妮：Tiffany Setting（I VS2）	$12,000
卡地亞（Cartier）：Solitaire 1895（H VS2）	$14,800
戴比爾斯（DeBeers）：Signature	$12,200
藍色尼羅河：Classic 6-prong（I VS2）	$6,697

雜貨店找到一顆好鑽石……。」[49]富勒評估那只蒂芬妮戒指，若在一家沒品牌的零售店銷售，價值為 $10,500 美元外加鑲嵌成本。

這結果沒什麼好奇怪的，相較於線上珠寶零售商藍色尼羅河（Blue Nile）的價格水準，蒂芬妮的價格高出其近兩倍。

明確一樣的產品，為何蒂芬妮能夠成功索取明顯高於其他銷售商的溢價？富勒這麼說：

> 你拿到的，正是他們口中的價值。不管是品牌以及蒂芬妮發展出的聲譽，那是他們用多年的品質管理贏得的，去到那裡，你無需對購買商品的品質多加考慮。為此，你得付這個錢。

直接從顧客的感想來觀察，更能明顯看出這種傾向。例如，一個線上論壇討論「蒂芬妮訂婚戒指的價格值得嗎？」的話題，一位用戶回憶他訂婚前購買訂婚戒指時的想法：

#54
12-03-2009, 8:43 PM

用戶 X
地點：加州恩西尼塔斯（Encinitas）

我買了蒂芬妮，出店門口時下起傾盆大雨，我知道自己馬上會全身溼透，但我一點也不在乎，我當時很快樂，再來一次，我還是會這麼做。（事實上，多年後，我把她的婚戒升級了，以搭配全鑲戒指。）

我的優先考量是，從最好的商家那裡買最好的商品，無需對品質／保證書等等有任何懷疑。大小不重要，我想要配得上她無庸置疑的完美。我們不是愛炫耀的人，我們從未大肆宣傳這些戒指是在蒂芬妮買的。買顆大小還過得去

的寶石，並且有信心知道，這戒指的價值是永恆的，不是廉價的仿製品或華而不實的東西，這在我看來更適當。

另外，我想的是，有一天（例如我死了），我的某個孫輩將繼承它。我買蒂芬妮的理由之一是，它可以作為傳家之寶，未來，我的某個孫輩會這麼想：「哇，爺爺真酷！」

用戶 X 最後一次編輯：12-03-2009, 8:46PM

在另一個論壇上，某人對相似的提問作出如下回應，強調收到訂婚戒指的人得知其出處時，賦予的額外價值：

張貼時間：2007 年 1 月 11 日，8:38 PM

用戶 X

為了省點錢，追求價廉物美，我選擇從一家多年前所謂「有信譽的珠寶商」那裡購買了一只訂婚戒指，結果，買了個爛貨（那珠寶商已經倒了）。我現在花十倍的錢從蒂芬妮那裡買了替換的戒指，對我來說，花這錢買到的是心安，很值得，我太太收到戒指時的臉部表情，是無價之寶。從普通珠寶店或好市多買的鑽石，不會有相同於蒂芬妮鑽石的效果，光是感受本身，花的錢就值得了。

　　蒂芬妮的地位令人嫉羨，但那是走了很長的艱辛路才到達的境界。該公司創立於 1837 年，長久以來致力於建立「優質珠寶」的聲譽，1867年在巴黎世界博覽會上以銀器工藝贏得卓越獎，是該公司首次獲得世界肯定，此後繼續在世博會上屢屢獲獎。1878 年，蒂芬妮購買世上最大顆的黃鑽之一，把它切割成「蒂芬妮鑽石」（Tiffany Diamond）。1886年，該公司推出使用「蒂芬妮鑲」（Tiffany Setting）鑲嵌法的訂婚戒

指，以六爪鑲座，舉起鑽石，與指環分開，讓鑽石猶如凌空於指環上，完全不同於當時常見的「包鑲」（bezel setting）鑲嵌法。這個品牌已經成為財富與奢華的一種標準。

在其悠長的歷史中，蒂芬妮一直小心地策展品牌形象，包裝就是一個著名的例子。該公司網站上如此宣傳其標誌性的藍盒子：

> 在忙碌的街上瞥見它，或是把它放在掌心上，蒂芬妮藍盒子令人心跳加快，象徵蒂芬妮優雅、高級且無瑕工藝的卓越傳承。[50]

這段文字絕非信手拈來，是有含義的精心雕琢：

- 「傳承」隱含持續做相同之事（在這個例子中，相同之事指的是打造優雅、獨有、無瑕的珠寶）的悠久且正面的歷史。
- 「優雅」指出了一種獨特的美學設計，儘管首席設計師及產品系列不斷地改變，消費者可以一貫地預期產品不脫離這獨特的設計風格。
- 「高級」的暗示，只有那些願意付錢取得最好東西的人，才能獲得蒂芬妮產品。這也暗示了，只有蒂芬妮能夠提供這種工藝，別的競爭者做不到。
- 「無瑕」是向顧客保證，在這悠久的歷史中，蒂芬妮一再打造出完美產品，在珠寶品質方面，購買者絕不需要面對不確定性。

蒂芬妮藍盒子雖是隨著購買的產品免費贈送，但這藍盒子本身具有獨自的金錢價值（參見＜圖表 5-2 ＞），這個事實證明了蒂芬妮的成功。

＜圖表 5-2 ＞蒂芬妮藍盒子在易貝（eBay）上拍賣（此品項拍賣已結束）

蒂芬妮訂婚戒指盒、包裝袋，真品

Genuine Tiffany & Co. Empty Engagement Ring Box, Bag, Tiffany & Co

Item condition:	Pre-owned
Ended:	May 27, 2015, 12:22PM
Winning bid:	US $122.50　[33 bids]
Located in United States	

Seller information
jhuber993 (105 ★)
100% Positive feedback

＋ Follow this seller
See other items

蒂芬妮的訂價優勢促成策略基本方程式中的豐厚差額利潤，這從蒂芬妮過去十年顯著高於藍色尼羅河的利潤率（參見＜圖表 5-3 ＞），就可以看出。

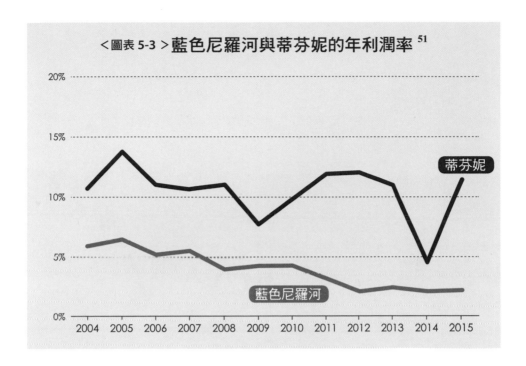

<圖表 5-3 >藍色尼羅河與蒂芬妮的年利潤率 [51]

　　這是創造出的「價值」在支撐其股價，使蒂芬妮的市值達到上百億美元，股價的穩定攀升也顯示投資人對該公司期望的持久性，參見＜圖表 5-4 ＞。

▌效益面與障礙面

　　蒂芬妮的市場力量來自堅實品牌（Branding），堅實品牌是一種資產，品牌溝通與資訊傳播，激發顧客的正面情感，提高顧客購買其產品的意願。

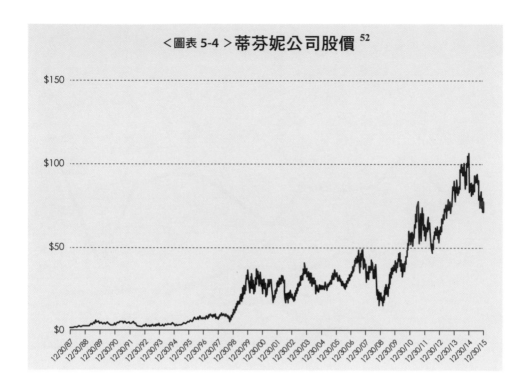

＜圖表 5-4＞蒂芬妮公司股價 [52]

　　效益面。有堅實品牌的事業，因為以下兩個原因，能夠對其產品索取較高價格：

1. **情感向性（affective valence/emotional valence）**。對品牌的高認同感激發對產品的好感，有別於產品的客觀價值。例如，在試吃盲測中，人們可能覺得喜互惠（Safeway）可樂與可口可樂無差別，但縱使把盲測結果告訴試吃者，他們仍然願意支付較高價格買可口可樂。

2. **不確定性較低**。感到「心安」的顧客知道，這個品牌的產品將一
   如期望。以拜耳（Bayer）阿斯匹靈為例，在亞馬遜網站上搜尋
   阿斯匹靈，你會看到，200錠一瓶的拜耳325毫克阿斯匹靈售
   價 $9.47 美元，旁邊500錠一瓶的科克蘭（Kirkland）325毫克
   阿斯匹靈售價 $10.93 美元。所以，一錠拜耳阿斯匹靈的溢價為
   117%，但一些顧客仍然偏好拜耳阿斯匹靈，因為不確定性較低：
   拜耳的一貫性悠久歷史讓顧客更有信心於自己將獲得期望及想要
   的效用。請注意，來自堅實品牌的效益並不仰賴顧客之前已經擁
   有及／或使用此品牌的產品，這點不同於轉換成本必須顧客已擁
   有及使用產品後，才可能發生轉換成本帶來的效益。

   障礙面。堅實的品牌只能靠長期強化品牌活動才能打造出來，這稱
為**滯後作用**（譯註：hysteresis，指兩種狀態或事件在時間或距離的相對差
異），「長期」本身就是重要障礙，例如，蒂芬妮培養品牌超過一個世
紀。此外，抄襲者在塑造品牌上面臨巨大的**不確定性**：必須長期投資，但
這也不能保證最終就能產生顯著的情感向性。模仿另一個品牌的行動同樣
涉及**風險**：商標侵權訴訟；伴隨而來的成本；結果的不明確性。
   了解這些後，我就可以把堅實品牌填入七種市場力量圖中了，參見
<圖表 5-5 >。

> **堅實品牌的定義：從有關賣方的歷史資訊，衍生出一些持久的屬**
> **性，這些屬性使得客觀上相同於競爭者的賣方產品具有較高價值。**

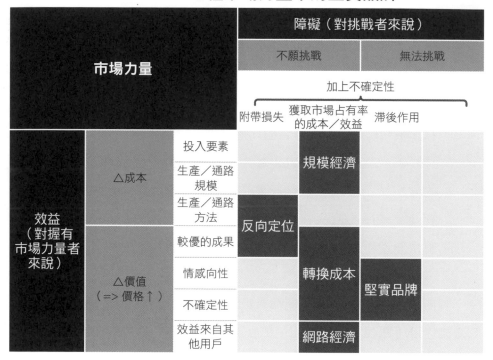

<図表 5-5 >七種市場力量中的堅實品牌

市場力量			障礙（對挑戰者來說）			
			不願挑戰		無法挑戰	
			加上不確定性			
			附帶損失	獲取市場占有率的成本／效益	滯後作用	
效益（對握有市場力量者來說）	△成本	投入要素		規模經濟		
		生產／通路規模				
		生產／通路方法	反向定位			
	△價值（=> 價格↑）	較優的成果		轉換成本		
		情感向性			堅實品牌	
		不確定性				
		效益來自其他用戶		網路經濟		

▌7 大挑戰與特性

1. 品牌稀釋（brand dilution）

　　廠商必須長期專注且勤謹地管理品牌，確保品牌生成的情感向性維持一貫的聲譽。因此，最大的陷阱是推出背離或損害品牌形象的產品，減損品牌名聲與價值。

　　垂涎「低階市場」的較高銷量而推出迎合此市場的產品，可能減損品牌的高級光環，削弱對產品的正面聯想，從而降低情感向性。舉例而

言，侯斯頓（Halston）在 1970 年代聲名大噪，成為女性服飾的高檔設計標準，但是當侯斯頓接受低階零售業者傑西潘尼百貨（J.C. Penny）的十億美元，擴展大眾消費者市場的平價時裝產品線時，訴求頂級市場的柏道古曼百貨公司（Bergdorf Goodman）撤下侯斯頓專櫃，以保護柏道古曼的品牌。結果，傑西潘尼百貨的平價時裝產品線失敗，侯斯頓再也沒能恢復先前令人嫉羨的堅實品牌。

前文提到，堅實品牌這種市場力量築起的障礙是滯後作用及不確定性，品牌稀釋對堅實品牌的市場力量構成威脅，因為品牌稀釋可能「重設滯後作用的時鐘」，迫使公司得重新啟動建立情感向性的過程，而這種過程相當緩慢，還充滿不確定性。侯斯頓的經驗就是一個很好的例子。

2. 仿冒

賦予堅實品牌力量的，是品牌，不是產品，仿冒者試圖搭便車，不誠實地把一個強大品牌和其仿冒品關聯起來。由於堅實品牌有賴於一再與消費者正面互動，仿冒者在市場上大量推出仿冒品，可能逐漸造成品牌傷害。舉例而言，蒂芬妮在 2013 年控告好市多在行銷及廣告中暗示購物者，好市多販售蒂芬妮珠寶。此前，蒂分妮也控告易貝（eBay）幫助銷售仿冒品。在 2013 年向法院狀告好市多後，蒂芬妮對投資人發布的新聞中明確指出：「蒂芬妮從未、將來也不會透過好市多之類的廉價倉儲式零售商銷售自家高級珠寶。」[53]

3. 消費者喜好改變

歷經時日，消費者的喜好可能改變而減損堅實品牌的價值。任天堂

（Nintendo）發展出適宜家庭的電玩遊戲品牌，不過隨著電玩顧客人口結構從以往的未成年孩子為主力，演變為成年人為主力，需求轉向更成熟的遊戲，但任天堂的堅實品牌並未延伸至這個區隔，負面影響隨之而來。用策略的基本方程式來看，任天堂在孩子市場區隔的市場規模 M_0 之下獲得的豐厚長期差額利潤（$\overline{m}$），到了成人市場區隔將不復存在。[54] 問題是，使堅實品牌成為市場力量的那些特質，也導致品牌難以改變，因為這其中存在稀釋或摧毀品牌的風險。

4. 地理限制

存在一地區的顧客情感向性，未必存在另一個地區。舉例而言，多年期間，索尼（Sony）在美國的電視機市場享有堅實品牌的優勢，但在日本，索尼就沒有這種優勢，因此無法享有高於國際牌（Panasonic）之類競爭者的溢價。

5. 狹窄性

為越過市場力量的高門檻，在市場力量動態學中，堅實品牌是個遠比行銷更受限的概念。舉例而言，就算「品牌認知度」很高，也未必具有堅實品牌的市場力量。在這種情況下，實際上有可能是規模經濟創造了更高的品牌知名度。例如，可口可樂能夠贊助美式足球超級盃，皇冠可樂（Royal Crown Cola）卻不能，因為只有可口可樂的規模，才能使廣告成本符合效益。策略師可能錯誤地把這歸類為堅實品牌效應。皇冠可樂可能把建立堅實品牌的所有正確行動都做對了，仍然因為相對規模而處於劣勢。

6. 非排他性

堅實品牌是一種不具排他性的市場力量,事實上,另一個競爭對手可能擁有同等影響力的品牌,瞄準相同的顧客群。例如,普拉達(Prada)、路易威登(Louis Vuitton)及愛馬仕(Hermès)。不過,所有具有堅實品牌市場力量的競爭者,獲得的報酬仍會高於那些不具堅實品牌市場力量的競爭者。

7. 產品種類

只有特定種類的產品,才有建立堅實品牌市場力量的潛力(參見本章附錄的更多討論),因為它們必須符合兩個條件:

● **強度**:最終能夠索取高溢價的前景。

▶ B2B 產品通常無法因濃厚的客戶情感向性而促成溢價,因為這類產品的購買大多只關心產品的客觀成果。反觀消費性產品,尤其是那些與身分認同感有關的消費性產品,其購買決策往往更受到消費者情感向性的影響。原因是,為了和一種身分認同建立關聯性,必須有明確方法去排斥其他身分。(譯註:例如,很多蘋果粉只用蘋果品牌,排斥安卓系統產品。)

▶ 不確定性較低的堅實品牌,顧客更願意支付較高價格,原因是,他們對不確定性的感知成本高於產品本身的成本。這類產品往往跟糟糕的尾事件(譯註:tail events,尾事件是指統計學上常態鐘形分配圖左右兩個尾端、發生機率低

的事件，因此又稱極端事件）有關，例如安全性、樣品、食物、交通工具等等。原廠藥的成分與非專利藥的成分相同，但原廠藥的價格明顯較高。

- **持久性**：必須有夠長的時間達到這種強度。若持久性這個必要條件不存在，市場上正常的競爭套利行為就會侵蝕掉堅實品牌的效益。

▋產業經濟特性與競爭地位

最後要探討堅實品牌市場力量強度的決定因子：產業經濟特性與競爭地位。我假設所有成本都是邊際成本，因此使挑戰者零獲利的價格等於邊際成本。領先者（S）因其提供的品牌價值，使得它提供的總價值較高。我假設領先者能夠索取較高價格，因此：

^{S} 利潤 $= 1 - 1/B(t)$

其中，$B(t) \equiv$ 領先者品牌價值，是較弱廠商的價格乘數

$\quad\quad\quad t \equiv$ 自初始投資於品牌至今的時間單位

產業經濟特性定義 $B(t)$ 函數（參見本章附錄），決定市場力量的強度與持久力。時間 t 代表在發展品牌力量方面，領先者 S 相對於較弱廠商 W 的競爭地位。參見＜圖表 5-6 ＞。

<圖表 5-6 >市場力量強度決定因子

	產業經濟特性	競爭地位
規模經濟	規模經濟強度	相對規模
網路效益	網路效應的強度	現有用戶數量的絕對差距
反向定位	新事業模式優越性 + 舊事業模式的附帶損失	二元性：新進者使用新事業模式 在位者使用舊事業模式
轉換成本	轉換成本的大小（強度）	目前的顧客數
堅實品牌	品牌效應的潛在強度與持久性	品牌投資的持續期間
壟斷性資源		
流程效能		

附錄 5-1

▌堅實品牌領先者的超額利潤公式推導

為了衡量市場力量強度，我思考這個問題：「當價格使得不具市場力量的公司（W）完全沒有獲利時，是什麼決定具有市場力量公司（S）的獲利力呢？」

S 是具有堅實品牌市場力量的強公司，W 是弱公司。

　　為了推導堅實品牌的領先者超額利潤（SLM），我必須說明，是什麼決定強公司 S 享有的溢價的上包絡線（譯註：upper envelope，由任何時間點上的局部最大值所連結構成的曲線），B(t) 就是這說明。

$$B(t) = Z / (1 + (z-1) e^{-Ft}) \times D_t \times U_t$$

　　其中，$B(t) \equiv$ 在時間 t 時的堅實品牌價格乘數

　　　　　$Z \equiv$ 產品類別的最大潛在堅實品牌乘數，$Z > 2$

　　　　　$F \equiv$ 品牌週期時間壓縮因數，$F > 0$

　　　　　$D_t \equiv$ 在時間 t 時的品牌稀釋，$0 \le D \le 1$

　　　　　$U_t \equiv$ 在時間 t 時的投資不足，$0 \le U \le 1$

　　B(t) 是遞增函數，反映的是需要歷經時日的行動，品牌堅實度才能增加。選擇這邏輯函數是為了反映堅實品牌投資的強化方面，以及呈現邊際報酬隨著時間遞減。上述 B(t) 公式的說明確保透過調整位置參數（location parameter，為 F 與 Z 的函數），使得時間 t = 0 時，B(t) = 1。當 F 愈大時，邏輯曲線愈

陡峭，品牌週期時間愈短。當 F 愈小時，邏輯曲線愈平緩，品牌週期時間愈長。如＜圖表 5-7 ＞所示，若無品牌稀釋，D＝1，若無品牌投資不足，U＝1。換言之，在一定期間，D 與 U 導致品牌乘數降低一些。

時間決定競爭地位，因為它決定一個在時間 t＝0 時起步的競爭者，在時間 t＝t 時趕上強公司的能力。Z 與 F（亦即 B(t)）決定產業地位。如＜圖表 5-7 ＞所示，隨著強公司的品牌生命週期拉長，弱競爭者的競爭地位將愈落後，愈來愈難趕上強公司。當所有 t 時間之下，最弱的競爭者都沒有堅實品牌，而另一個競爭者有另一個 B' (t) 函數（亦即另一個 F'）及另一個 t 時，強公司的品牌持久力取決於 B(t) 函數相對於 B(0) 的曲線形狀。

簡化起見，假設生產過程中沒有固定成本。

獲利 $\equiv \pi = [P - c]Q$

其中，P $\equiv$ 價格

c $\equiv$ 每單位邊際成本

Q $\equiv$ 每個期間的產量

作為力量的指標，我們評估：

若價格（P）使得弱公司獲利為零（$\ni W^{\pi} = 0$），是什麼決定強公司（S）的利潤？

弱公司 W：$W^{\pi} = 0 => 0 = (_wP - c)_sQ => {_w}P = c$

強公司可以索取溢價，是弱公司價格 $_wP$ 的一個乘數，所以，$_sP = B(t) \times c$

$$\therefore \ _s\pi = [\ B(t) \times c - c\ ]\ _sQ = [\ (B(t) - 1) \times c\ ]\ _sQ$$

$$_s\pi = (B(t) - 1)\ c\ _sQ$$

$$S\ 利潤 = (B(t) - 1)\ c\ _sQ / (B(t)\ c\ _sQ\ ) = 1 - 1/\ B(t)$$

所以，$\boxed{\textbf{SLM} = \textbf{1} - \textbf{1}/\ \textbf{B(t)}}$

其中，函數 B() 代表分別透過 Z 與 F 來定義的市場力量強度與持久力；t 代表在發展品牌力量方面，領先者 S 相對於較弱廠商 W 的競爭地位。

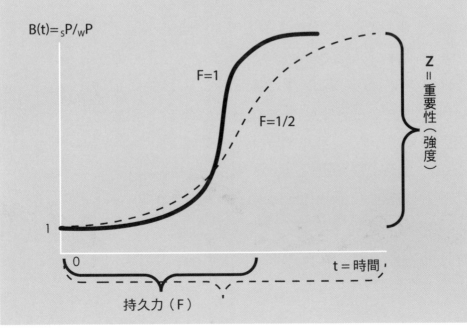

< 圖表 5-7 > 堅實品牌是時間的函數
有不同的時間壓縮因數

CHAPTER 6

壟斷性資源
挖掘所有的礦

▌飛向宇宙，浩瀚無垠

　　1995 年 11 月 22 日，皮克斯動畫工作室（Pixar）製作的《玩具總動員》（*Toy Story*）首映，這是令人屏息期待的登月計畫：這是史上第一部電腦動畫劇情長片，皮克斯製作的第一部劇情長片，也是劇情長片導演約翰・拉薩特（John Lasseter）的處女作。這令人不禁想起迪士尼在 1937 年發行的《白雪公主》（*Snow White and the Seven Dwarfs*），那是史上首部傳統動畫劇情長片，也是迪士尼的首部動畫劇情長片。跟迪士尼當年的成功一樣，《玩具總動員》一鳴驚人，製作預算僅 3,000 萬美元，全球票房 3.5 億美元，為皮克斯及迪士尼贏得實至名歸的喝采。影評人羅傑・艾伯特（Roger Ebert）如此狂讚：

> 觀看這部影片，我感覺自己在迎接動畫電影新紀元的到來，它用最棒的卡通與現實，創造出介於這二者之間的一個世界，這世界的空

| 間不僅會彎曲，還會劈里啪啦響。[55]

　　《玩具總動員》的成功奠定了基礎，使得皮克斯在 1995 年 11 月底首次公開募股，由史蒂夫・賈伯斯（Steve Jobs）這個路演大師籌畫。在納斯達克掛牌上市後，這家羽翼未豐的製片工作室，以往經常面臨的生存威脅成為遁入記憶中的過去式，而皮克斯和其財務與發行夥伴迪士尼公司談判時的地位與力量，也隨之改變。

<圖表 6-1 > 皮克斯動畫工作室製作的前十部影片

　　但是，接下來的發展完全沒有循著迪士尼自己的動畫電影劇本走。迪士尼一直苦苦無法複製當年《白雪公主》的成功，反觀皮克斯在 1998 年推出《蟲蟲危機》（*A Bug's Life*），1999 年推出《玩具總動員 2》

（*Toy Story 2*），兩部影片在藝術與商業成功斐然，昭示影業史上最令人信服讚嘆的輝煌發展即將開始。誰不記得＜圖表 6-1 ＞中那些早期的皮克斯電影，以及他們後續製作的影片呢？

　　皮克斯在這段期間的藝術成就非凡，製作的頭十部電影平均爛蕃茄（Rotten Tomatoes）評分為 94 ％，其中只有《汽車總動員》（*Cars*）這部片的爛蕃茄評分在 90 ％以下。截至 2020 年為止，已有八部皮克斯製作的影片贏得奧斯卡最佳動畫片獎（譯註：中文版出書當下已累積到 11 部。），還有兩部被提名奧斯卡最佳影片獎，這是動畫片史上的傲人成就。

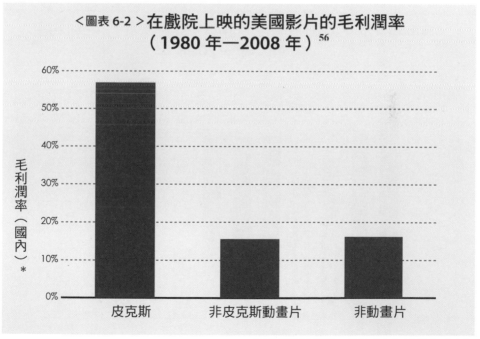

＜圖表 6-2 ＞在戲院上映的美國影片的毛利潤率
（1980 年—2008 年）[56]

毛利潤率（國內）*

皮克斯　　非皮克斯動畫片　　非動畫片

*（美國國內票房 – 製作成本）/（製作成本）

皮克斯的商業成功也毫不遜色，如＜圖表 6-2 ＞所示，皮克斯的前十部影片的平均毛利潤率是，高出其他所有院線片、所有非皮克斯動畫片的平均毛利潤率（1980-2008 年）近四倍。

這前十部皮克斯影片，總計創造了 53 億美元的全球票房，更別提還有可觀的商品銷售及主題樂園收入。

總體表現極優異，不過單看各部影片的表現，同樣優異。這十部影片，每一部的毛利潤率都為正，而且除了《瓦力》（WALL-E）這部片之外，其他每部影片的毛利潤率都超過產業平均毛利潤率（參見＜圖表 6-3 ＞）。[57] 如此驚人的成功，來自一家在 1990 年時縮減只剩不到 50 名員工、經常瀕臨瓦解，往往只靠賈伯斯的慷慨解囊來繼續支撐的公司。

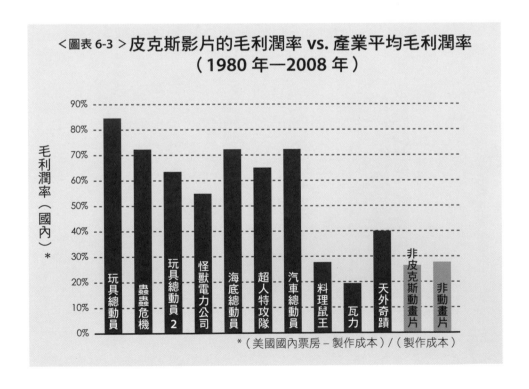

＜圖表 6-3 ＞皮克斯影片的毛利潤率 vs. 產業平均毛利潤率
（1980 年—2008 年）

▍智囊團

在電影業，像這樣的持續成功沒有先例。一些導演，例如威廉・惠勒（William Wyler）及史蒂芬・史匹柏（Steven Spielberg），或系列電影，例如《法櫃奇兵》（*Indiana Jones*）系列及《洛基》（*Rocky*）系列，寫下多次優異的商業成功，但沒有人或公司締造出像皮克斯這樣長期且未曾破滅的成功紀錄，而且涉及了多個導演與團隊。

這是道道地地的策略性成功。皮克斯的優異成績與市值充分轉化成股東價值：2006 年迪士尼以交換股權方式，用 74 億美元購併皮克斯。賈伯斯的財富大部分來自這筆交易，並不是來自他在蘋果公司賺到的錢。毫無疑問，皮克斯揮舞著某種市場力量。

問題是，哪種市場力量？皮克斯似乎不符合我截至目前為止討論過的任何一種市場力量。電影是一種通力合作性質的創作，涉及多方，具有高度不確定性，因此通常不會像有市場力量般，可預測其一再成功。但是，似乎有某種 X 因子促使皮克斯戰勝這種高度不可能。為探究這隱藏的 X 因子，我們必須探索皮克斯的幕後故事。

大導演喬治・盧卡斯（George Lucas）被 1983 年的離婚協議搞得財務吃緊，遂於 1986 年 2 月以 500 萬美元把盧卡斯影業（Lucasfilm）的電腦部門繪圖團隊賣給賈伯斯，這個新成立的公司被改名為皮克斯電腦公司（Pixar Computer Group），把下列三位傑出人才集合於旗下：

● 約翰・拉薩特：動畫天才，就在兩年前，因為他堅決倡導電腦成像（computer-generated imagery，CGI）動畫製片，被當時東家

迪士尼開除。

- 愛德溫・凱穆爾（Edwin Catmull）：電腦科學家，電腦成像先驅，集合出眾才智、自信與謙虛於一身的凱穆爾，擅長管理高需求、極度困難的創作藝術。
- 賈伯斯：傑出、喜怒無常的創業家，兩年前因為和約翰・史考利（John Sculley）的權力鬥爭，被無禮地逐出蘋果電腦公司，當時他正在為新創電腦公司 NeXT Computer 困頓掙扎。

優異的企業通常有一位傑出的創始英才，皮克斯有三位：賈伯斯是董事會主席暨大股東，凱穆爾後來擔任總裁，拉薩特是皮克斯的動畫部門領導人。少了這三人當中的任何一個，皮克斯神話都會有不美好的結局。

當然，三雄領導通常困難重重，但在皮克斯卻運作良好。皮克斯的製片人暨導演彼得・達克特（Pete Docter）這麼告訴我：

> 我們之間有明確的權力界定：約翰負責創意部分，愛德溫負責技術部分，賈伯斯負責業務及財務。彼此間有著隱含的信任，但其中一人（賈伯斯）握有最後話語權。[58]

不過，縱使這三人盡心盡力地投入，皮克斯的早年仍然為生存而掙扎，入不敷出，持續虧損，賈伯斯不停地挹注資金，導致他的財富嚴重縮水。皮克斯起初聚焦於銷售專業用硬體，但這只是一種生存戰術，在此同時，該公司正在建構動畫部門，引進出身加州藝術學院（CalArts）的重要人才：安德魯・史坦頓（Andrew Stanton）及彼得・達克特。

在幾次大裁員終結了皮克斯的硬體業務抱負後，1991 年來自迪士尼的三部動畫片委製合約讓皮克斯得以再次續命。當然，是賈伯斯的「現實扭曲力場」（reality distortion field）造就了這可能性——一個瀕臨破產、無價值的公司，成為迪士尼的製片夥伴。

《玩具總動員》的孕育與誕生，本身就是一個「寶琳歷險記」（釋註：*Perils of Pauline*，電影故事講述，對表演擁有熱情的製衣女工寶琳，受到舞台劇演員茉莉亞賞識之後，展開星海浮沉的歌舞生涯）般的雲霄飛車，有錯誤的起始、衝突、做或死的截止期限、政治糾葛、靈光乍現以及無數個挑燈夜戰。就像上戰場後歸來的海軍陸戰隊小隊，這支製片團隊形成深切富有韌性的信任、尊重與理解，接下來的兩部影片進一步延伸與強化這種關係。

這個「兄弟羈絆（Band of Brothers）」後來成為皮克斯團隊的核心，被稱為「智囊團」，是皮克斯動畫工作室持續成功的骨幹。這支核心團隊就是皮克斯市場力量的核心 X 因子。

▎效益面與障礙面

這種市場力量在經濟學中的名詞是「壟斷性資源」（Cornered Resource）。只有皮克斯擁有這支由才華洋溢、千錘百鍊的老兵組成的凝聚團隊；皮克斯壟斷了它。下文用七種市場力量的架構來分析它：

● **效益面**。在皮克斯的例子中，這個壟斷性資源生產出極富魅力的產品，「優異的成果」驅動非常具有吸引力的價／量組合（其形

式是巨大的票房報酬），驅動需求。無疑地，這很重要，是策略的基本方程式中的大 $\overline{m}$。不過在其他情況下，壟斷性資源可能以各種形式呈現，提供獨特的效益。例如，這可能是指擁有一項重要專利，像重量級藥物專利；或是取得一種必要投入要素的優惠管道，像水泥生產商擁有一座鄰近的石灰石礦；或是擁有一種節省成本的製造方法，像博士倫公司（Bausch & Lomb）的軟性隱形眼鏡旋轉鑄模（spin casting）技術。

- **障礙面**。壟斷性資源的障礙不同於前文討論過的任何東西。你可能會問：「為何皮克斯能留住這智囊團？」這團隊中的任何一個人，應該都是別家動畫製片公司高度垂涎追求的人才，但這麼長的期間，他們一直留在皮克斯，無疑地未來應該也會繼續留在皮克斯。縱使在該公司困難重重的初始期，他們也展現了超越財務算計的忠誠度。例如，遠在迪士尼還未與皮克斯合作的 1988 年，拉薩特導演的皮克斯動畫短片《小錫兵》（*Tin Toy*）就贏得奧斯卡最佳動畫短片獎，見此，迪士尼執行長麥克・艾斯納（Michael Eisner）及董事會主席傑弗瑞・卡贊柏格（Jeffrey Katzenberg）嘗試把這位前員工招回迪士尼。拉薩特拒絕了，他說：「我可以回迪士尼當個導演，或者我可以留在皮克斯創造歷史。」[59] 所以，在皮克斯的例子中，壟斷性資源豎立的障礙是個人選擇。在軟性隱形眼鏡旋轉鑄模法的例子中，壟斷性資源豎立的障礙是專利法；在水泥生產要素的例子中，壟斷性資源豎立的障礙是財產權。我們統稱這類障礙為「法令」（fiat），這類障礙不是在持續互動中出現的，而是來自法令或個人抉擇。拉薩特對皮克斯的忠

誠與信念，說服了卡贊柏克在 1991 年和皮克斯簽了委製三部影片的合約，這是從「驢拉車」變成「車拉驢」了。同理，迪士尼後來的執行長羅伯特‧艾格（Robert Iger）決定購併皮克斯，也是因為他認知到，這是把皮克斯的人才引進迪士尼動畫事業旗下的唯一方法。迪士尼動畫事業的後續重振，證明了他的智慧。

現在，我可以把壟斷性資源填入七種市場力量圖中了，參見＜圖表 6-4 ＞。

＜圖表 6-4 ＞**七種市場力量中的壟斷性資源**

市場力量			障礙（對挑戰者來說）			
			不願挑戰		無法挑戰	
				加上不確定性		
			附帶損失	獲取市場占有率的成本／效益	滯後作用	法令
效益（對握有市場力量者來說）	△成本	投入要素		規模經濟		壟斷性資源
		生產／通路規模				
		生產／通路方法	反向定位			
	△價值（=> 價格↑）	較優的成果				
		情感向性		轉換成本	堅實品牌	
		不確定性				
		效益來自其他用戶		網路經濟		

> 壟斷性資源的定義：以具吸引力的條件取得一項令人垂涎、能夠獨
> 立增進價值的資產優惠渠道。

▌壟斷性資源的五個篩選檢驗

市場力量的門檻高，為達到市場力量的高資格，企業具備的屬性必須夠強到能驅動高潛力且持久的差額利潤（亦即 $\overline{m} >> 0$），並以卓越營運實現這些潛力，填平現實與潛力之間的落差。像皮克斯這樣的企業，擁有成功所需的無數資源，想在這複雜性中整理過濾出市場力量的源頭，是相當有難度的挑戰。我從多年經驗發現壟斷性資源的五個篩選檢驗，這些檢驗通常可幫助企業找到真正符合市場力量的壟斷性資源。

1. 特異性

若一家公司一再以具吸引力的條件取得令人垂涎的資產，那麼你應該探索的策略疑問是：「他們為何能夠做到這點？」舉例而言，若你發現埃克森美孚石油公司（Exxon Mobil）能夠不斷地取得高價值的碳氫化合物礦場開採權，如此一來，更關鍵的課題應該是去了解該公司取得此資源的渠道。也許是該公司的相對規模讓自家發展出更好的探勘方法？若是如此，該公司的探勘方法就是一種壟斷性資源，真正的市場力量源頭。那麼，該公司的壟斷性資源實際上並不是取得礦場開採權（探勘法才是）。

用這透鏡來檢視皮克斯智囊團，非常有啟發性。尤其是，你會注意到這智囊團的一個驚人層面：它高度僅限於特定的一些人。首先，看看皮克斯的前十一部影片，每一部都是這團隊製作的〔只有布萊德·柏德

（Brad Bird）除外，見下文。〕

＜圖表 6-5 ＞早期皮克斯影片的導演

電影	年份	導演	《玩具總動員》原團隊？
《玩具總動員》	1995	約翰·拉薩特	■
《蟲蟲危機》	1998	約翰·拉薩特	■
《玩具總動員 2》	1999	約翰·拉薩特	■
《怪獸電力公司》	2001	彼得·達克特	■
《海底總動員》	2003	安德魯·史坦頓	■
《超人特攻隊》	2004	布萊德·柏德（Brad Bird）	
《汽車總動員》	2006	約翰·拉薩特	■
《料理鼠王》	2007	布萊德·柏德	
《瓦力》	2008	安德魯·史坦頓	■
《天外奇蹟》	2009	彼得·達克特	■
《玩具總動員 3》	2010	李·安克里奇（Lee Unkrich）	■

　　其次，皮克斯的記錄顯示，光是進入這團隊，並不會超自然地把「智囊團方法」賦予新手導演，經常有加入皮克斯的新進導演以失敗收場。例如，《玩具總動員 2》原先聯合導演科林·布萊迪（Colin Brady）被換掉；《料理鼠王》的原導演詹·平卡瓦（Jan Pinkava）中途被換掉。

我認為，智囊團並非只是有才華的個人組合，而是基礎成員在早年試驗期的共同經驗，促成了後來一次又一次的成功。事實上，若我們看到新導演被引進、並做到皮克斯水準的商業與藝術成功，那我們就可以得出結論：皮克斯的市場力量並不是來自智囊團，而是來自更深的其他源頭。基於這點，我相信，皮克斯面臨的最重要策略性挑戰是，為導演人才池注入新活水。靈通的觀察者可能會問，那布萊德·柏德呢？他主導策畫了幾次皮克斯的大成功，導演了《超人特攻隊》，該片劇本是他還未進入皮克斯之前撰寫的，並不在智囊團之內；後來，他又救火接替《料理鼠王》的原導演詹·平卡瓦。他不就例示了成功的「局外人」導演嗎？其實不然。更仔細檢視就會發現，布萊德·柏德符合智囊團的嚴格特質評鑑。他是拉薩特在加州藝術學院時期的同學，本來就和這智囊團裡的許多核心人物有共通的創意特質。此外，在來到皮克斯之前，他就已經是有成就、有名氣的動畫片導演，《鐵巨人》（*The Iron Giant*）一片就是他執導的。[60]

2. 未被套利

若一家廠商獲得一項令人垂涎的優惠資源取得管道，但為此資源支付的金額超過了這資源貢獻的經濟租（economic rent）呢？在這種情況下，它沒能通過市場力量的差額報酬檢驗，也就是說，這資源並不是市場力量。以電影明星為例，由布萊德·彼特（Brad Pitt）主演的一部電影，可能會大大提高票房前景，因此被視為「令人垂涎」。但是，他的片酬將捲走「增加價值」的大部分或全部，因此無法通過市場力量的檢驗。同理，雖然皮克斯智囊團的酬勞很高，但這些金額跟他們創造的價

值相比，小巫見大巫。皮克斯公開上市時，我是投資者，直到該公司被迪士尼收購前，我的投資報酬很高。

3. 可轉移

若一項資源能在某個公司創造價值，卻無法在其他公司創造價值，那麼單獨把這資源視為市場力量源頭，將忽略卓越營運以外的其他重要補充要素。在定義中，「令人垂涎」這字眼傳達了許多人的預期：他們預期這項資產（資源）將創造價值。決定收購皮克斯之前，迪士尼執行長羅伯特・艾格頓悟了：迪士尼的動畫角色這項歷史資產是該公司的核心，只有皮克斯團隊能夠讓歷史資產復活。這促使他決定收購皮克斯，並讓凱穆爾及拉薩特掌管迪士尼動畫部門，此舉使得迪士尼動畫部門迅即重振。若沒有凱穆爾及拉薩特擔任重要決策角色，以及皮克斯智囊團的聽侯召喚，不可能做到這種地步，事實最終證明，迪士尼收購皮克斯所付出的高價格非常值得。這個資源是可以轉移的。

4. 持續性

為找尋市場力量，策略師試圖過濾出一個驅動持續差額報酬的因子，但這也有一個反推論：你可能會預期，若這個因子被刪除的話，差額報酬就不復存在了。很顯然，這觀點會影響你辨識壟斷性資源。可能有許多因子被證明有助於發展市場力量，但它們的貢獻深植於事業裡。

舉例而言，因為史賓塞・席佛博士（Spencer Silver）孜孜不倦地為他的不太黏黏膠尋找商業應用途徑，Post-it 便利貼才得以成為 3M 非常賺錢的一個事業。在 Post-it 便利貼的應用確立後，這個事業的差額報酬

就不再取決於席佛及他的獨特黏膠，而是取決於（至少部分取決於）另一項壟斷資源：美國第 3,691,140 號專利、美國第 5,194,299 號專利、以及 Post-it 商標。在皮克斯，賈伯斯也是類似的情形，皮克斯的崛起，他功不可沒，只把他視為一個有耐心的出資人，那是太小看他的貢獻了。但是，皮克斯發展起來後，賈伯斯的重要性就降低了，最終他的價值已經深植於公司，以至於不再需要他繼續現身來驅動差額報酬。另一方面，智囊團仍然是皮克斯持續成功的驅動力。

5. 充足

　　壟斷性資源的最後一個檢驗是充足性：一項資源要有資格成為市場力量，必須在卓越營運之下，足以創造持續的差額報酬。

　　我經常觀察到，很多人誤把特定的領導力視為一種壟斷性資源，其實領導力無法通過「充足性」來檢驗。舉例而言，我欽佩喬治·費雪（George Fisher）的領導力，他把摩托羅拉領導得很好，接掌柯達公司時，大家對他寄予厚望，期望他的現身領導能重振這家公司，也就是說，人們把他當成一個壟斷性資源。在我看來，柯達的後續困境並不是費雪的錯，這不過顯示了該公司在穩固時期持續聚焦於化學軟片事業所導致的無望死路。不過，這些困難得出了一個洞察：費雪並不是一個壟斷性資源，摩托羅拉的成功涉及他才能以外的其他補充要素，後來他執掌柯達時，那些補充要素並未出現。

　　另一種看待方式是，壟斷性資源是差額報酬潛力的一個充分條件。在我看來，目前最能支持這個論點的證據是，皮克斯的壟斷性資源是該公司的智囊團這整個單位，而不是這智囊團的個別成員如凱穆爾或拉薩

特。有人可能把〔拉薩特 + 凱穆爾〕這個組合視為真正的壟斷性資源，然後認為，智囊團招募的其他人只是反映了他們挑選人才的技巧，你甚至可能把拉薩特和凱穆爾領導且重振迪士尼動畫部門一事，當成支持這種觀點的證據。但是，皮克斯新手導演的失敗，證明這種觀點是錯的。

<圖表 6-6> 市場力量強度決定因子

	產業經濟特性	競爭地位
規模經濟	規模經濟強度	相對規模
網路效益	網路效應的強度	現有用戶數量的絕對差距
反向定位	新事業模式優越性 + 舊事業模式的附帶損失	二元性：新進者使用新事業模式 在位者使用舊事業模式
轉換成本	轉換成本的大小（強度）	目前的顧客數
堅實品牌	品牌效應的潛在強度與持久性	品牌投資的持續期間
壟斷性資源	壟斷性資源促成的價格及／或成本提高	未被套利價格下的優惠管道
流程效能		

資源基礎理論

關於資源理論，涵蓋範圍廣泛，遠超出本章的考量。在策略學中，有一個重要的思想學派聚焦於資源，稱為「資源基礎理論」（Resource Based Reviw，RBV）。我受益於這個理論，甚至有幸受教於資源基礎理論先驅之一的理查·尼爾森教授（Richard R. Nelson）。

事業經營不僅涉及產品與服務，也涉及有效率生產它們的能力。能力有許多分類，和目前產出有關的是直接能力，更高層次的能力則是界定了公司的競爭力領域，甚至還有這些以外的更高階段，形塑這些更高層次的能力歷時而變化。核心能力、獨特能力、慣例、產能與動態產能，這些全都屬於資源基礎理論的討論範圍。

我刻意縮限本章的資源探討範圍。首先，我探討的主題僅限於有資格成為市場力量的資源，前述五個檢驗旨在幫助實務人士過濾掉那些醒目、但不是策略性的資源（我所指的策略性，是有資格構成市場力量者）。

其次（也是更重要的縮限），本書第一部僅限於市場力量的靜態分析，而資源基礎理論更側重動態分析。在本書第二部，我們將看到發明是市場力量的第一原動力，屆時探討發明的內生決定因素（endogenous determinants）時，將更顯著地涉及基礎資源理論中使用的更廣義資源概念。

附錄 6-2

▌壟斷性資源領先者的超額利潤公式推導

為了衡量市場力量強度，我思考這個問題：<u>「當價格使得不具市場力量的公司（W）完全沒有獲利時，是什麼決定具有市場力量的公司（S）的獲利力呢？」</u>

假定 S 擁有的壟斷性資源（CR）使得 S 提供更優的成果，例如，皮克斯一貫地製作出令人讚歎的電影。

進一步假定，這資源使 S 的每單位產量獲利提高△。這獲利的提高可能是來自價格提高（因為遞送的成果較優），或是成本降低。（在皮克斯的例子中，較優的成果比較聚焦於提高數量，亦即提高到戲院看電影的人次。我們可以這樣想：在一訂價水準下，一般廠商只能銷售普通水準的數量，但 S 因為遞送較優成果，能賣較高數量，從而獲得△。）

簡化起見，假設生產過程中沒有固定成本。

獲利 $\equiv \pi = [P - c + \triangle] Q$，

其中，P ≡ 價格

        c ≡ 每單位變動成本

        Q ≡ 每個期間的產量

假定壟斷性資源（CR）的成本增量每年固定，這成本增量為 k。在皮克斯的例子中，每年成本增量指的是每年支付給核心

團隊的酬勞增額,亦即支付給這核心團隊的酬勞,每年都會增加,而且高於若僱用相似訓練水準的人員來取代他們所需支付的酬勞。

因此,S 的獲利 $\equiv {}_s\pi = [{}_wP + \triangle - c]\, {}_sQ - k$

為計算領先者超額利潤(SLM),我們評估:

若價格(P)使得弱公司獲利為零($\partial_w\pi = 0$),是什麼決定強公司(S)的利潤?

弱公司 W:${}_w\pi = 0 => 0 = ({}_wP - c)\, {}_sQ => {}_wP = c$

強公司 S 因為擁有壟斷性資源,享有多出的獲利:$\triangle$

強公司 S 也有增加的固定成本 k(k 未必為正值)

因此,${}_s\pi = [(\triangle + {}_wP) - c]\, {}_sQ - k$,代入 ${}_wP = c$

${}_s\pi = \triangle\, {}_sQ - k$,除以營收 $[(\triangle + {}_wP) \times {}_sQ]$,得出利潤率

因此,S 利潤率 $= \triangle\, {}_sQ / (\triangle + {}_wP) \times {}_sQ - k / (\triangle + {}_wP) \times {}_sQ$

$$\boxed{SLM = \triangle / (\triangle + {}_wP) - k / (\triangle + {}_wP) \times {}_sQ}$$

= [因為 CR 而增加的利潤] – [平均每一元營收的 CR 成本]

產業經濟特性:$\triangle$,k

競爭地位:因為法令或非法令而掌控壟斷性資源(CR)

CHAPTER 7

流程效能
一步一步來

截至目前為止，我們已經討論了七種市場力量中的六種，本章討論最後一種：流程效能（Process Power）。留在最後才探討，是因為流程效能很罕見。我將用豐田汽車公司（Toyota Motor Corporation）作為案例。

1969 年我大學畢業，此時一位好友是佛蒙特州車迷俱樂部成員，他已經取得北新英格蘭區的豐田汽車經銷權，在當時看來，似乎是冒險之舉，但他認為這是投資傑出的新秀。豐田那款四四方方的卡羅拉（Corolla）新車，完全沒有吸引我們這群人注意及喜愛的特色，但令我朋友驚豔的是豐田車的優良品質，與聞名全球的那些底特律龐然大物形成鮮明對比。

在當時，美國汽車市場上鮮少有人注意到豐田，豐田在美國的市場占有率僅僅 0.1％，跟通用汽車的 48.5％ 相比，簡直是小巫見大巫。儘管如此，我朋友的投資真的太有先見之明了，豐田微小的市場占有率掩蓋了更深層的事實，那就是該公司已經花了近二十年的時間，堅持不懈

地磨礪一項令人生畏的競爭資產：豐田生產制度（Toyota Production System，TPS）。

1950 年，時任豐田汽車公司常務董事的豐田英二（Eiji Toyoda）在密西根州迪爾伯恩市（Dearborn）待了三個月，研究舉世最大的整合型工廠──福特胭脂河廠（Ford River Rouge Plant）。[61]豐田英二曾在 1929 年造訪福特汽車公司，對福特在製造流程上的革命留下深刻印象，但 1950 年的這次造訪，他的印象正好相反，福特工廠預留很多存貨，用以應付生產沒有規格化的產品，但在豐田先生看來，這完全是種浪費。反倒是他在當地超市觀察到的情形，令他印象更深：只有貨架清空時員工才補貨，這很契合他在戰爭導致物資短缺年代發展出的節儉性格。豐田英二心想，他可以做得比福特更好，於是，他決意朝這方面努力。[62]

不過，發展更優的汽車製造流程不是容易的事，就連福特「Model T」這個汽車業的簡化典範，也仍然有 7,882 個組裝步驟[63]，而組裝線只是拼圖的一塊而已，另外還有上游龐大的供應鏈，以及組裝之後下游分散於各地的經銷配送體系。

豐田公司對品質與效率的堅持及追求，有很深的根源，可遠溯至豐田佐吉（Sakichi Toyoda）於 1890 年時發明的豐田木製人力織布機（Toyoda Wooden Hand Loom）。所以，1950 年造訪福特工廠後，豐田開始一步步地發展出後來被稱為「豐田生產制度」的生產流程，製造出品質卓越且耐久的豐田汽車，獲得市場歡迎，其中許多顧客厭煩了易壞的美國車款，以及基於「計畫性報廢」〔planned obsolescence，或者通用汽車的阿佛列德·史隆（Alfred Sloan）所稱「動態報廢」（dynamic obsolescence）〕的底特律心態。[64]如＜圖表 7-1 ＞所示，豐

田的努力，產生了驚人的結果。

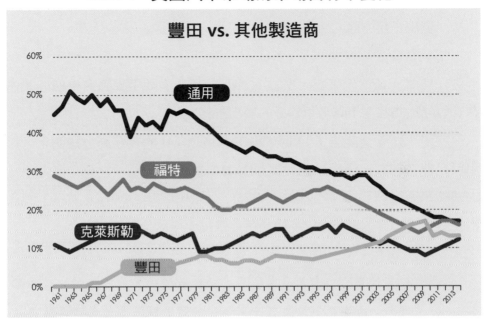

＜圖表 7-1 ＞美國汽車市場的市場占有率變化 [65]

豐田汽車驀地竄出，到了 2014 年，豐田在美國的市場占有率已和通用及福特近乎平手。同一期間，通用的市場占有率直線下滑，從原先的 50% 降低剩下不到 20%。在全球，豐田的市場占有率升勢更為驚人。

數十年間，這些趨勢與其規模一樣持續顯著存在。其實在 1980 年時，不祥之兆就已經出現了，豐田正在攻取市場占有率，通用的市場占有率正在下滑。1960 年代，通用被世人景仰為經營管理得最好的公司之一，但市場占有率的逐漸崩塌使該公司思考，他們是否應該向這個競爭

者學習。1984 年，通用和豐田創立一個合資企業──新聯合汽車製造公司（New United Motor Manufacturing, Inc.，NUMMI），在位於加州費利蒙（Fremont）的一座工廠，使用豐田生產方法來製造小型房車。通用接受豐田是這方面的專家，把費利蒙廠的員工送去日本受訓。

這個合資企業快速起步，NUMMI 生產出來的汽車低瑕疵率很快趨近豐田日本工廠的瑕疵率，是以，通用高度期望從中學到的東西能夠迅速且容易地轉移至全球各地無數的通用工廠。

但是，這希望落空了。雖然豐田對 NUMMI 的實務充分透明化，通用就是無法在其他通用工廠複製 NUMMI 的成果。這並非只是能力不足的問題，誠如刊登於《哈佛商業評論》（*Harvard Business Review*）的一篇文章所言，許多廠商也沒能成功仿效豐田生產制度：

> 令人好奇的是，少有製造商能夠成功仿效豐田，儘管豐田一直非常公開實務，迄今已有來自數千家企業的數十萬名主管參觀過豐田在日本及美國的工廠。[66]

未能把 NUMMI 的實務成功轉移至其他通用工廠，這導致前述趨勢繼續：儘管 NUMMI 成功，通用的市場占有率仍持續下滑了數十年。

所以，究竟根本的挑戰是什麼？通用很積極，願意、也有能力花錢，NUMMI 的成功似乎也顯示他們取得了需要的知識。

難處是這個：豐田生產制度不是表面上看起來的這個模樣。表面上，這制度由相當明瞭的、環環相扣的各種流程構成，例如，即時生產（just-in-time production）、持續改善（kaizen）、看板（kanban，存

貨控制）、安燈繩（andon cords，讓作業員能停止生產以辨識與解決問題的機制）。觀察這一切，通用員工自然以為藉由複製流程就能複製豐田生產制度。

但事實上，這些生產方法只不過是更深層、更複雜的制度表現。位於加州凡奈斯（Van Nuys）的通用工廠經理人厄尼‧薛佛（Ernie Shaefer）道出自己的沮喪：

> ……走進 NUMMI 工廠，有何不同？嗯，你能看到很多不同的東西，但你看不到的一個東西是支持 NUMMI 工廠的制度。我不認為，在當時有任何人了解這制度的大本質……。他們從不禁止我們在這工廠裡到處走動、了解，甚至向豐田的重要人員詢問問題。我常納悶，他們為何這麼做，我想，他們知道我們問錯問題了，我們不了解更大局的東西。我們詢問的問題全都聚焦於現場、組裝廠、作業線上發生的事，這並不是關鍵問題，真正的關鍵問題是，你如何用組織中的所有其他功能及運作來支持這個制度。[67]

所以，儘管有最佳意圖，作出巨額投資，對通用來說，達成像豐田那樣的成果仍然是個渺茫的中程目標。很顯然，這其中存在了某種障礙，再加上成本效率及品質顯著改進這兩個效益，那就只剩下一個結論了：豐田汲取了某種難以捉摸的市場力量。過去數十年間，豐田股價節節攀升，使得該公司市值達到近 $2,000 億美元（參見＜圖表 7-2 ＞），這是市場力量的最後一個指標。但是，到底豐田公司揮舞的是哪一種市場力量呢？

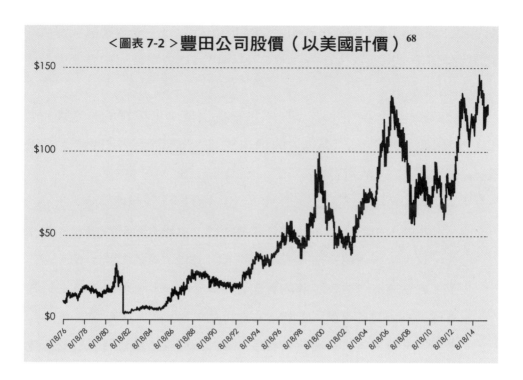

<圖表 7-2 >豐田公司股價（以美國計價） [68]

▌效益面與障礙面

　　豐田生產制度的案例顯示了一種罕見的市場力量種類：流程效能。下文使用七種力量架構的效益面及障礙面，更正式地說明流程效能。

　　效益面。具有流程效能這種市場力量的公司，能夠藉由嵌入組織內的流程改善來改進產品品質及／或降低成本。例如，豐田在長達數十年期間，一直保持著豐田生產制度帶來的品質提高與成本降低效益，縱使老員工退休，新員工進來，這些資產也未消失。

　　障礙面。流程效能這種市場力量豎立的障礙是滯後作用，換句話

說，這些流程的進步難以被複製，只能歷經長期的持續演進來做到。這種達成效益的速限本質，導因於以下兩個因素：

1. **複雜性**。回到我們的例子：生產汽車加上所有支援的後勤鏈，涉及龐大的複雜性。若流程改善觸及這些環鏈的許多部分（如同豐田的情形），就算可能達成，也難快速做到。

2. **晦澀難表達**。從豐田生產制度的發展可以看出，想要仿效的廠商將無可避免地面對很長的時間常數（譯註：long time constant，亦即改進得花很長期間）。豐田生產制度是從下往上、歷經數十年的試誤、摸索發展出來的，其基本教條從未被正式編纂，很多的組織知識依然是隱性知識（tacit knowledge），不是外顯知識（explicit knowledge）。毫不誇張地說，就連豐田公司本身也無法充分、上上下下、裡裡外外地了解自家公司所創造的東西。例如，過了整整十五年後，他們才能開始把豐田生產制度傳授及轉移給該公司的供應商。通用汽車公司的 NUMMI 經驗也隱含了這種知識的隱性性質：縱使豐田想描繪工作流程，也無法完全做到。

結合效益與障礙這兩個層面，讓我們把流程效能放入七種市場力量圖中，參見＜圖表 7-3 ＞。

流程效能的定義：深植於公司內、並促成較低成本及／或較優產品的組織與活動，只有長期努力才能做到。

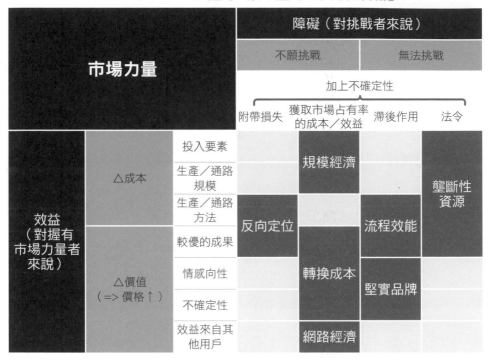

<圖表 7-3 > 七種市場力量中的流程效能

市場力量			障礙（對挑戰者來說）				
			不願挑戰		無法挑戰		
				加上不確定性			
			附帶損失	獲取市場占有率的成本／效益	滯後作用	法令	
效益（對握有市場力量者來說）	△成本	投入要素		規模經濟			壟斷性資源
		生產／通路規模					
		生產／通路方法	反向定位		流程效能		
	△價值（=> 價格↑）	較優的成果					
		情感向性		轉換成本	堅實品牌		
		不確定性					
		效益來自其他用戶		網路經濟			

▎流程效能與策略學

流程效能與策略學這門學科的演進有重要的交會點[69]，說明這些有助於我們更了解流程效能，以及為何這種市場力量很罕見。

策略 vs. 卓越營運

很多年前，哈佛大學教授麥克・波特堅持主張，卓越營運並不是策略，這論點引發相當的爭議。[70] 不過，他這麼做的理由，與本書的「無套

利」假設完全一致：容易仿效的改進，就不是策略性質，因為這些改進不能貢獻策略基本方程式中的 m 或 s，這些是長期均衡價值。

你可能會說，且慢！驅動流程效能的逐步改進，不就是卓越營運嗎？是的，沒錯，但這只代表效益面。這就要談到一個關於流程效能必須留心的重點了。流程效能帶來的效益類型，是由下而上的革命性改進，代表卓越營運的核心，這種效益相當常見。它罕見的原因主要來自於流程效能的罕見障礙：改進得花極長期間。不論你投資了多少，不論你多麼努力，想改進都受限於跟時間有關的潛力界限，你無法用金錢與努力來換取改進所需要的長期間淬鍊，通用的 NUMMI 經驗可茲例證。

關於這點，最好的思考方式或許是：流程效能這種市場力量等於卓越營運加上滯後作用，但這種滯後作用太罕見了，所以我強烈認同波特教授的觀點。[71]

若你使用不同的策略學定義，把所有重要的東西都納入其中，那麼卓越營運就是策略性的東西。不過，卓越營運固然重要、難以做到且值得管理階層關注，但光有卓越營運並不足以獲得競爭優勢，波特教授應該不會置疑這點。

經驗曲線（The Experience Curve）

在波士頓顧問集團和貝恩企管顧問公司的策略實務形成時期，「經驗曲線」這個概念占據重要地位。經驗曲線基於實證觀察，即許多公司成本似乎遵循一個在包絡（envelope）內下降的軌跡：生產數量每增加一倍（此稱為「經驗」），每單位的成本降低至數量翻倍前的成本 70％和 85％之間（此稱為「斜率」），亦即成本降低了 15％至 30％。

這不是未經驗證的觀點，＜圖表 7-4 ＞是一篇 1990 年刊登於《科學》（*Science*）雜誌的文章資料中得出的直方圖。[72]

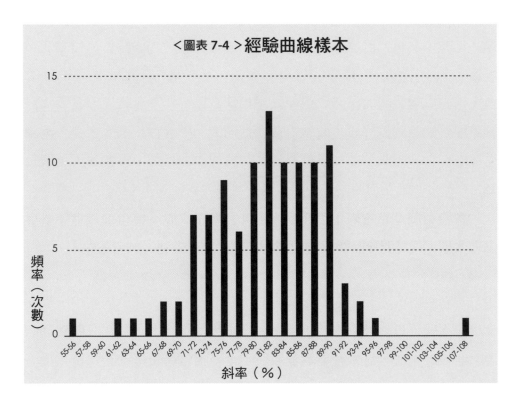

＜圖表 7-4 ＞經驗曲線樣本

在這樣本中，108 個例子中約有 60％例子呈現的斜率介於 70％到 85％之間。

在前面我提到，流程效能這種市場力量很罕見，你可能會認為＜圖表 7-4 ＞的資料可以反駁我的論點。你可能會說，根據經驗曲線，「經驗」可以驅動與促成流程效能，因此流程效能怎麼會是罕見的市場力量

呢？其實，這些資料只呈現了跟卓越營運有關的效益發生頻率，圖表中的改進僅指歷經時日獲得的改進，它們並未告訴我們有關多個廠商在某一個時間點上的相對地位。舉例來說，根據經驗曲線，在任何一個時間點上，不同規模的廠商之間並不存在成本差異，但所有廠商的年進步率相似。[73]

這裡用一個簡單的思考實驗來釐清我的這個論點：「經驗曲線所顯示的歷時進步廣泛地出現於各家廠商。」若某一個時間點上的經驗關係存在於所有廠商，那麼大家通常會認為，一家擁有兩倍規模優勢的公司，能夠維持比競爭者高 15% 到 30% 的營業利潤率成長。但是，如此大的營業利潤差距實際上很少見，這就凸顯了一點：經驗曲線並不構成市場力量，只是間接證明波特教授的觀點：競爭套利，無所不在。

慣例（routines）

前文提到過，讀研究所時，我有幸受教於理查·尼爾森教授，他是個大膽的開創性思想家，在許多領域作出開創性貢獻，策略學是其中一個。他與悉尼·溫特的合著《經濟變化的進化理論》（*An Evolutionary Theory of Economic Change*）中提出一個觀點：創新鮮少是組織由上而下、有目的而為的行動計畫所驅動的，大多數創新是「有限理性」（boundedly rational）[74] 行為人的適應反應所驅動。這種進化創新（evolutionary innovation）往往靜默地以新流程形式呈現，尼爾森與溫特稱為「慣例」。我們對豐田生產制度觀察到的情形，非常吻合這觀點。

尼爾森與溫特的合著作品，被認為是提供了策略資源基礎理論的基礎。在經濟史中，有一個名為「束聯問題」（colligation problem）的

概念：「在了解因果關係時，你應該追溯到多遠呢？」[75] 資源基礎理論的觀點認為，若你追溯到競爭優勢就停下來了，那就不當地截短了你的探究，你應該考慮是哪些更根本的前置部署情形（亦即資源部署）促成後來競爭地位的發展局面，這樣你可能會獲得更深的洞察。廣為人知的「核心能力」（core competencies）理論[76]，就是此觀點的一種表達。

尼爾森與溫特的「慣例」概念為這種探索提供了一個很棒的發射臺，但這類慣例代表的是效益面，不是障礙面，因此，它們不會形成市場力量。那麼你可能會問，資源基礎理論是否比策略學更能啟發卓越營運？我不這麼認為。豐足策略學（Rich Strategy）的性質描述源自資源基礎理論，但它們跟動態學比較有關，這是本書第二部的主題。事實

<圖表 7-5 >市場力量強度決定因子

	產業經濟特性	競爭地位
規模經濟	規模經濟強度	相對規模
網路效益	網路效應的強度	現有用戶數量的絕對差距
反向定位	新事業模式優越性＋舊事業模式的附帶損失	二元性：新進者使用新事業模式在位者使用舊事業模式
轉換成本	轉換成本的大小（強度）	目前的顧客數
堅實品牌	品牌效應的潛在強度與持久性	品牌投資的持續期間
壟斷性資源	壟斷性資源促成的價格及／或成本提高	未被套利價格下的優惠管道
流程效能	時間常數與流程效能的潛在強度	流程效能進步的相對持久性

上，我們將在第二部中看到，在建立一些種類的市場力量時，卓越營運有相當的重要性。

探討完最後一種市場力量，現在我可以完成整個市場力量強度決定因子的兩個層面（產業經濟特性與競爭地位），參見＜圖表 7-5 ＞。

▎七種市場力量總結

現在，七種市場力量都探討完了，我的目的是為你提供一個策略羅盤，成為你推進事業時的指南。我在前言中提到，為發揮此功能，七種市場力量架構必須越過「簡明、但不過於簡單化」這道高門檻。我從一開始就彰顯地用「策略的基本方程式」來把我的概念和創造價值關聯起來。完成本章，也就完成了七種市場力量架構，根據我和許多企業人士的互動經驗，我相信這架構夠簡單而可以作為策略羅盤，相信你也有同感。

<圖表 7-6> 七種市場力量

市場力量			障礙（對挑戰者來說）				
			不願挑戰		無法挑戰		
			附帶損失	獲取市場占有率的成本／效益	滯後作用	法令	
效益（對握有市場力量者來說）	△成本	投入要素		規模經濟		壟斷性資源	
		生產／通路規模					
		生產／通路方法	反向定位		流程效能		
	△價值（=>價格↑）	較優的成果		轉換成本			
		情感向性			堅實品牌		
		不確定性					
		效益來自其他用戶		網路經濟			

加上不確定性

接下來，我們進入本書的第二部策略動態學：「這七種市場力量是如何形成的？」

▎流程效能領先者的超額利潤公式推導

為了衡量市場力量強度，我思考這個問題：「當價格使得不具市場力量的公司（W）完全沒有獲利時，是什麼決定具有市場力量的公司（S）的獲利力呢？」

針對流程效能這種市場力量，我假設所有成本是邊際成本，因此使挑戰者零獲利的價格等於邊際成本。我聚焦於檢視流程效能是否使得領先者的成本較低（或者，流程效能是否使得領先者可以索取較高價格，抑或同時存在較低成本與較高價格）。

獲利 $\equiv \pi = [P - c]Q$，

其中，$P \equiv$ 價格

$c \equiv$ 每單位邊際成本

$Q \equiv$ 每個期間的產量

為計算領先者超額利潤（SLM），我們評估：

若價格（P）使得弱公司獲利為零（$\partial_w \pi = 0$），是什麼決定強公司（S）的利潤？

弱公司 W：$^W\pi = 0 \Rightarrow 0 = (P - {}^Wc)\,{}^SQ \Rightarrow P = {}^Wc$

假定：$D(t) \equiv$ W 在時間 t 時的成本乘數

$Z \equiv$ 最大潛在成本乘數

$F \equiv$ 流程效能週期時間壓縮因數

^{W}c 是 ^{S}c 的一個乘數，因此，$^{W}c = D(t) \times {}^{S}c$

$\therefore\ {}^{S}\pi = [\,P - {}^{S}c\,]\,{}^{S}Q = [\,D(t) \times {}^{S}c - {}^{S}c\,]\,{}^{S}Q$

$^{S}\pi = [\,D(t) - 1\,]\,{}^{S}c\,{}^{S}Q$

^{S} 利潤 $= (D(t) - 1)\,{}^{S}c\,{}^{S}Q / (D(t)\,{}^{S}c\,{}^{S}Q) = 1 - 1/D(t)$

或者， $\boxed{SLM = 1 - 1/D\,(t)}$

其中，$D(t) = Z / (1 + (Z - 1)\,e^{-Ft})$

產業經濟特性定義 D() 函數，決定市場力量的潛力強度及持久性。D() 是 t 的遞增函數，反映流程效能需要歷經時日的行動，D() 才會增加。選擇這邏輯函數是為了反映流程效能投資強化面向，以及呈現邊際報酬隨著時間遞減。上述 D(t) 公式的說明確保透過調整位置參數（為 F 與 Z 的函數），使得時間 t＝0 時，D(t)＝1。當 F 愈大時，邏輯曲線愈陡峭，流程效能週期時間愈短。當 F 愈小時，邏輯曲線愈平緩，流程效能週期時間愈長。

時間 t 代表在發展流程效能方面 S 相對於 W 的競爭地位，因為這決定一個「在時間 t＝0 時起步的競爭者在時間 t＝t 時趕上強公司」的能力。Z 與 F（亦即 D(t)）決定產業地位。如＜圖表 7-6＞所示，隨著強公司的流程效能生命週期拉長，弱競爭者的競爭地位將愈落後，也愈來愈難趕上強公司。當所有 t 時間之下，最弱的競爭者都沒有流程效能，而另一個競爭者有另一個 D'(t) 函數（亦即另一個 F'）及另一個 t 時，強公司的流程效能持久性就取決於 D(t) 函數相對於 D(0) 的曲線形狀。

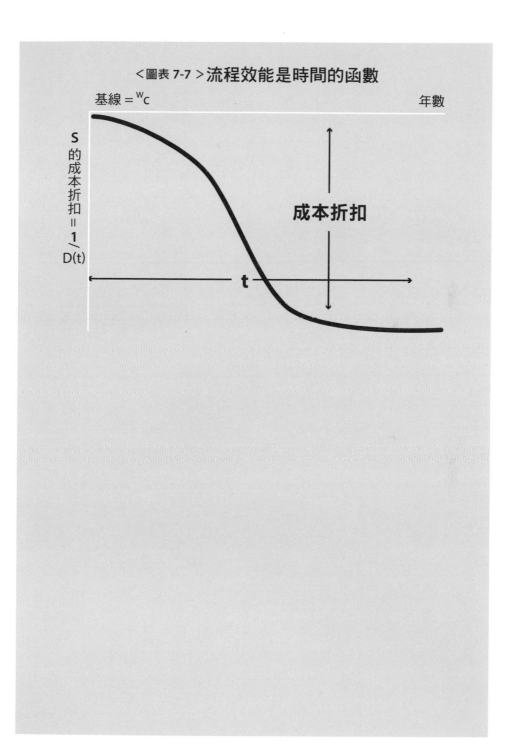

<圖表 7-7 >流程效能是時間的函數

策略動態學

CHAPTER 8

建立市場力量的途徑
跟風行不通，
辨別你要做「什麼」

　　為了能夠靈活研擬自家公司策略，我們一起走了很長的路。前面的每一章探討一種市場力量，我一塊一塊地建構出七種市場架構，現在你已經有了一個強而有力的策略羅盤，涵蓋所有地方、所有事業的所有具吸引力的策略定位。[77] 若你的事業具有這些市場力量的一種或多種，就算競爭者付出極大努力，你的事業已經具備成為一棵持久搖錢樹的條件。然而，若你的事業不具有任何一種市場力量，將會很危險。

　　不過，七種市場力量的貢獻不僅於此，你的旅程仍然需要一個指南，一份創造市場力量的地圖。你可以預期種種路徑都很獨特，排除顯著普遍化的可能性，七種市場力量架構讓我們可以穿過這錯綜複雜的細節，通往更深層的核心。

　　到了現在，你已經知道自己的事業必須建立市場力量，不然事業就會面臨毀滅。所以你可能會思考兩個疑問：「我必須做什麼，才能建立市場力量？」，以及「我何時建立它？」本書第二部為這些疑問提供解答，做「什麼」的這個疑問是本章的主題，「何時」這個疑問是下一章的主題。

我首先探討網飛的串流事業，並從這裡提出所有事業都面臨的「如何？」（該怎麼做？）這個疑問。不過，我先在此提出第一個洞察：所有市場力量始於發明。探討完這個論點，我將接著探討發明如何驅動策略的基本方程式中另一個要素：市場規模。

▌跳出油鍋……

我在 2003 年成為網飛的投資人，當時投資是基於兩部分的推論：

1. 網飛的 DVD 出租事業有市場力量：用反向定位對抗出租 DVD 實體店的在位者百視達；流程效能；以及比起相對於其他想從事 DVD 郵寄出租事業的潛在競爭者，擁有適中經濟規模。
2. 投資圈尚未正確、完全地辨識這市場力量。

我的推論經證實是正確的，網飛輕易地擊退類似的競爭者，同時也在對抗百視達的激烈戰中獲勝，產生所有策略師都期盼的底定結局：2010 年 9 月 23 日百視達申請破產保護。這個過去不可一世的競爭者殞落，證明我推論的反向定位市場力量很強大。

有人可能會期望，這勝利將提供一個持久的高枕無憂局勢，但網飛未達此境界，至少當時還未達到。我的投資推論內含兩部分的警誡，其一，我知道 DVD 出租業務不長壽，注定將被網際網路上的數位遞送取代。

網飛經營高層也清楚這點，該公司創辦人暨執行長海斯汀在 2005 年寫道：

> DVDs 將在近期的未來繼續創造豐厚獲利，網飛還有至少十年制霸能力。但是，在網際網路上遞送電影的時代即將來臨，到了一個時點，它將變成大生意……，所以我們的公司才會取名為 Netflix，而不是取名為 DVD-By-Mail。[78]

　　我的第二個警誡是：在這個新態勢中，網飛尚不具有明顯的市場力量源頭。許多方都可以取得串流技術，強大的內容擁有者毫不留情地從智慧產權中搾取每一分錢。我懷疑網飛高層大概也贊同這個觀點。

　　網飛對這些困境作出什麼反應呢？他們試水溫，把 1%至 2%的營收投資於串流[79]，這當然不是賭上整個公司的投資額，但金額也絕對不算少。行動的高潮是，網飛在 2007 年 1 月 16 日推出「Watch Now」線上觀看功能，這是一個不大的起步，起初只供應約 1,000 部影片，遠低於網飛的 DVD 庫數量，後者多了 100 倍，但仍然踏出了重要的一步。

　　顧客對「Watch Now」的反應很好，激勵網飛添加柴火。該公司和每一個硬體商談判，以達到器材無處不在。他們也在內容方面作出努力，最終在 2008 年至 2009 年間，陸續和哥倫比亞廣播公司（CBS）、迪士尼、Starz 頻道、及音樂電視網（MTV）達成交易。網飛也持續改進後端技術，使得串流服務能夠提供無縫的顧客體驗。

　　到了 2010 年，串流事業已經成為網飛的一股重要力量。2011 年初，TechCrunch 網站刊登一篇標題為〈串流正在驅動網飛的新訂閱戶數成長〉（*Streaming Is Driving New Subscriber Growth at Netflix*）的文章，內含一張圖表（參見＜圖表 8-1 ＞），顯示網飛訂閱戶數的驚人成長。[80]

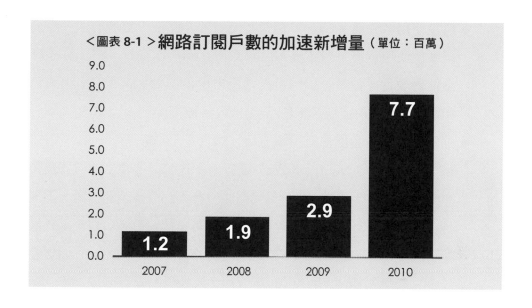

<圖表 8-1 >**網路訂閱戶數的加速新增量**（單位：百萬）

這是好消息，但我警誡的第二個部分依然存在：串流事業沒有明顯的市場力量源頭。最終，網飛得面臨波特教授所說的令人不安的事實：卓越營運並不是策略。

是的，卓越營運很重要，也相當具有挑戰性，合理地占用了經營管理階層相當多的時間。但是，卓越營運本身並不能確保事業獲得差額利潤（策略方程式中正值的 $\overline{m}$），以及穩定或成長市場占有率（策略方程式中正值的 $\overline{s}$）。競爭者能夠輕易地仿效卓越營運來改善自家公司，最終把事業的價值套利掉。

網飛進軍串流業務時，面臨許多困難的營運挑戰，該公司逐一應付並解決它們。但縱使做出這些努力，仍不足以確保該公司獲得持續的差額報酬。看看以下例子：

- **建設使用者介面（UI）**。網飛對使用者介面投入很多心血，該公司敏銳使用資料，對各種 UI 選擇進行 A ／ B 測試，得出許多經常性的改進。但是，如同百視達後來也推出 DVD 郵寄出租業務和網飛競爭的例子所示，UI 能力很容易被複製。

- **推薦引擎**。在發展推薦引擎方面，網飛是全球領先者，甚至還舉辦「網飛獎」（Netflix Prize）競賽，在此競賽中產生的機器學習洞察，至今在該社群中仍然備受關注。有人可能會因此推論，網飛具有規模經濟市場力量，因為公司收集與累積到更多資料，因此推薦敏銳度更高。話雖沒錯，但這些優勢的報酬是遞減的，一個規模較小、但還像樣的競爭者，也能實現大致相同的效益。

- **IT 基礎設施**。影音需要使用巨量的頻寬及儲存，例如，到了 2011 年時，網飛已經成為網際網路上最大的尖峰頻寬使用者。該公司認為這方面不是他們的核心能力（對於一家科技公司而言，這或許出人意外），決定把該公司的 IT 外包（我認為這是正確決定），最終網飛成為亞馬遜網路服務公司（Amazon Web Services）的一大客戶。此舉讓網飛解脫在擴張 IT 方面的許多頭痛問題，得以專注於他們最擅長之事。

這些領域個個都需要持續、專業的專注，但是解決這些問題還不夠，長期而言，所有這些進步都能或多或少被其他競爭者仿效。市場力量的潛力仍然難以捉摸。

網飛認知到，問題的核心在於內容，畢竟優異的內容是所有串流業者核心價值主張的終極表現。內容占了網飛成本結構的一大部分，不幸

的是，內容所有人可以對授權內容採取變動訂價（這作法等於把版權費用變成網飛的變動成本項），根據使用情況向網飛索費，使得其他內容授權者不論規模大小，也可能要求網飛給予相同待遇，於是網飛根本沒有機會建立市場力量。

網飛的內容長泰德·沙朗多斯很有策略敏銳度，他應付這挑戰的第一步：追求取得內容的獨家授權。起初，這看來似乎是一個糟糕的選擇，因為獨家授權的內容價格較高，這意味著能為訂閱戶供應的內容減少。但網飛仍然決定這麼做，2010 年 8 月 10 日，網飛與愛必視（Epix）簽定一只獨家授權合約，泰德·沙朗多斯說：

> 把愛必視加入成長中的串流內容庫裡，讓網飛成為網際網路上優異內容的獨家遞送商，促使網飛繼續崛起成為在網路上遞送娛樂的領先者。[81]

這改變了賽局。獨家授權的價格是固定的，這意味著，某些內容不再是變動成本。突然間，網飛相對於其他串流業者的可觀規模優勢就能發揮作用了。

但是，其他潛在的獨家內容供應者注意到了網飛的成功，最終他們和網飛談判獨家授權時，會強硬地索取巨額授權費，甚至拿其他串流服務競爭者來作為討價還價的掩護。事實上，愛必視就採取了這一招，在2012 年 9 月 4 日與網飛終止合約，改和亞馬遜簽約。

所以，在沙朗多斯的認可下，網飛採取了合理的下一步：原創。他們向家庭票房公司取經。多年前，該公司從頻道業者轉型成原創內容製作

者，此舉鞏固了家庭票房公司在有線電視的優質大咖地位。網飛首先購買電視影集《莉莉海默》（*Lilyhammer*），然後在 2011 年 3 月 16 日丟下一顆震撼彈，線上新聞網站《好萊塢截稿時間》（*Deadline Hollywood*）刊登醒目標題：「網飛將以大衛・芬奇（David Fincher）和凱文・史貝西（Kevin Spacey）聯手製作電視影集《紙牌屋》進軍原創節目」。[82]

網飛砸下一億美元，擊敗家庭票房公司、哥倫比亞廣播公司、娛樂時間電視網（Showtime）等公司，買下這部政治權謀影集的前兩季共 26 集播映權。儘管網飛從其用戶觀看習慣的統計資料分析得出結論，認為購買這部影集應該有不錯的前景，此舉仍然是豪賭、大冒險。

結果，這部影集為他們帶來訂閱戶增加及獲得無數獎項的鉅額報酬，包括黃金時段艾美獎（Primetime Emmy Awards）的九項提名，這是效益面的勝利，但同時也是障礙面勝利的灘頭堡。原創節目明確地使內容變成一項固定成本，保證了強大的規模經濟，也永久改變了網飛與內容擁有人的談判地位。誠如海斯汀所言：

> ……若電視網不再對外出售節目……，我們公司也有一個賽局計畫，我們就多製作原創……。[83]

快速前進至 2015 年，原創節目現在已經變成網飛的策略核心，參見維基百科的統計圖表（＜圖表 8-2 ＞）。

這個堅實的策略創造出驚人的價值，網飛股價上漲了近百倍，2015年時，市值達到約 $500 億美元，參見＜圖表 8-3 ＞。

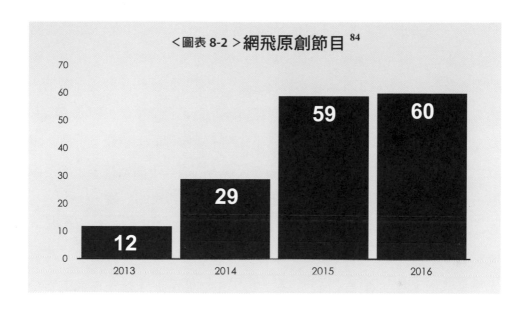

<圖表 8-2 >網飛原創節目 [84]

- 2013: 12
- 2014: 29
- 2015: 59
- 2016: 60

船隻只有在行進中，船舵才有用

管理學教授亨利·明茲柏格（Henry Mintzberg）在 1987 年發表的一篇權威性文章中，正確地把這種過程稱為「雕琢（crafting）」策略，而不是設計策略。[86] 網飛崛起的故事例示了，如何在面對令人怯步的不確定性中，長期聰敏地調適。這是創業家的領域，不是規畫師的領域。

股價上漲百倍，顯示起初存在著不確定性：網飛成功前，投資圈看不到價值潛力。這並不是因為投資人沒腦袋或消息不靈通，而是因為一開始「通往市場力量的途徑」不僅未知，而且是無法得知，就連網飛的管理階層也無從得知。

我們從動態學考量獲得的第一個重點是：「前往那裡」（Getting

There，這是動態學）完全不同於「到達那裡」（Being There，這是靜態學）。不僅學術界要懂這個區別，實務界也必須懂。舉例而言，在策略顧問服務業的早年，以下二者經常被合併在一起：靜態學的仔細研究顯示，相對高市場占有率可獲得豐厚報酬，這道理助長了企業本能去攫取市場占有率（動態學），表現出的行為通常是好鬥、攻擊性的價格競爭，但這類政策通常不會創造價值，因為競爭者會反擊，削價競爭的結果是，搶得市場占有率所付出的成本，往往超過市場占有率增加帶來的效益。

　　靜態學與動態學的這種區別，可能導致你拒絕使用靜態學來作為了解動態學的一種工具，但這是愚蠢的。二十年前，波特教授寫了一篇有先見之明的文章，看穿了這種錯誤，他提出一個前提（我在本書中先談策略靜態學，再談策略動態學，就是受此啟發）：

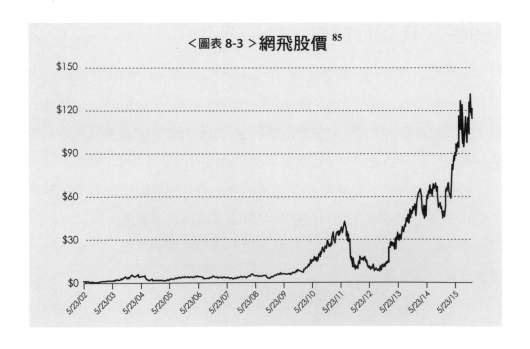

<圖表 8-3 >網飛股價 [85]

任何一個完全動態的策略理論，必須以「結合廠商特性和市場結果的（靜態）理論」作為基礎，否則無法把那些真正促成較優績效的流程，和創造了市場地位或公司技能、但並非真正促成較優績效的流程區分開來。[87]

換言之，想評估哪些旅程值得一走回，首先要了解哪些目的地值得你嚮往。所幸，七種市場力量架構就是如此，它只繪出七個值得嚮往的目的地。

因此，我們可以回顧第一章關於網飛串流事業的發展故事，當時我們用靜態學的透鏡來檢視它，聚焦於建立了市場力量的關鍵行動：

1. **競爭地位：一項具有吸引力的新服務**。網飛起初推出的串流服務獲得顧客的喜愛，他們的湧入使網飛建立一個早期的相對規模優勢，該公司從未對這規模優勢鬆手。
2. **產業經濟特性：原創與獨家**。內容占網飛成本結構的最大部分，原創與獨家把一些內容從變動成本轉變為固定成本，這使得該公司首度創造出規模經濟，鞏固了它的市場力量。[88]

這些是重大且深遠的突破，永久地把串流業務從競爭激烈、無賺頭的商品化事業，變成創造豐厚現金流量的發電機。所謂發展「一條在重要市場上具有持續市場力量的途徑」，就是這種情境。明茲柏格稱此為「雕琢」策略，其洞察力著實令人敬佩。網飛透過細心、有目的的連續實驗靈活調適，找到一條建立串流事業優勢的途徑，這再次證明，策略

的第一原則就是行動，在商場上也是如此，這遠非那些有條不紊的策略規畫分析所能產生的結果。

▎發明是市場力量之母

網飛及串流事業的故事，無疑有啟發性，但光講述故事還不夠，本章的目的遠比這個宏大：幫助你弄清楚，我必須做「什麼」才能在我的事業中創造市場力量？

網飛先是建立串流事業，接著訴諸原創，把原創內容推向「一條在重要市場上延續市場力量的途徑」。為了推導出更總括性的了解，我們先後退一步，再次檢視七種市場力量，思考動態學的疑問：你必須做「什麼」，才能「前往那裡」？

- **規模經濟**。為建立這種市場力量，你必須訴諸一個有規模經濟前景的事業模式（這是產業經濟特性層面），在此同時，你必須提供一種極具吸引力、足以吸引大量顧客及贏得市場占有率的產品（這是競爭地位層面）。
- **網路經濟**。需求相似於規模經濟，唯一的差別是，網路經濟的目標是建立夠多的用戶數量，而非市場占有率。
- **壟斷性資源**。你必須以具有吸引力的條件，取得一項使用寶貴資源的權利。這往往來自先發展出這資源，繼而取得此資源的所有權，最常見的途徑是取得研發成果的專利權。
- **堅實品牌**。你在很長一段期間中作出一貫的創造性選擇，以在顧

客心中建立與強化一種超越產品本身、客觀屬性的情感向性。

- **反向定位**。你開創了一種較優的新事業模式，而且若市場在位者仿效跟進此事業模式的話，將有附帶損失。

- **轉換成本**。為創造轉換成本，你必須先建立一個顧客群，這意味著，建立規模經濟與網路經濟時考量的那些新產品條件，在這裡也必須成立。

- **流程效能**。你在一個合理期間內，進化一種本身難以被仿效複製的、複雜的新流程，而且這新流程能夠在很長一段期間內為你提供顯著優勢。

這些涵蓋了很大的範圍，但你可以注意到一個共通點：每一種市場力量的第一原動力是發明。發明一種產品、流程、事業模式或品牌。創造市場力量時，切記這座右銘：「跟風行不通（「Me too won't work）」。

任何企業人憑直覺都知道，「跟風行不通」這句話是對的。行動、創造、冒險，這些是發明的根基，事業價值不是起始於沒有血氣的分析，熱情、偏執以及對領域的熟稔，這些助燃發明，它們是要素，事業創辦人激勵人心的持續貢獻，證明了這點。但規畫工作鮮少創造價值，一旦你已經建立了市場力量，規畫工作或許有助於提高市場力量，但若還不存在市場力量，你不能仰賴規畫工作，你必須先創造出能夠在價值鏈上產生顯著經濟效益的新東西。不意外地，我們又回到了熊彼得的創造性破壞理論。

發明與市場力量的拓撲學

所以，市場力量與發明共舞，有什麼要素呢？通常，劇本類似這樣：

1. 外部環境中的潮流形成新威脅與機會。在網飛的例子中，該公司的 DVD 郵寄出租事業最終式微，這是威脅；串流業務是機會。

2. 潮流的性質是一陣陣、一波波地，因此想乘著這些新環境來抓住商機的公司必須靠發明，藉由雕琢，而非藉由設計。對一家公司來說，這類結構性變化不常發生，但可以確定的是，一定會到來，科技的持續不斷進步，一定會促成這類變化的發生。

3. 在這紊亂中，你必須找到一條通往市場力量的途徑。使網飛的市值提高百倍的，不是微調 DVD 郵寄出租事業，而是夾帶著巨大、難以超越的規模經濟串流事業。

根據這些，我現在可以繪出市場力量動態學了，參見＜圖表 8-4 ＞。現在，我們把這架構應用於網飛的串流事業：[89]

● **資源**。你必須從自己可以派上用場的能力做起，基於學術傳統，我把這些稱為「資源」，資源可能是個人的獨特能力，例如賈伯斯的美學感受與鑑賞力，或是公司的資源，例如谷歌的龐大結構式資料。就網飛的例子來說，該公司原始的 DVD 郵寄出租事業賦予無數與串流業務有關的資源，包括可以直接轉移的技能，例如推薦引擎、使用者介面（UI）、顧客資料、與內容所有人的商

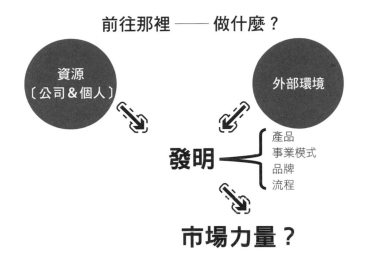

<図表 8-4 >市場力量動態學之一

前往那裡 —— 做什麼？

資源
〔公司＆個人〕

外部環境

發明

產品
事業模式
品牌
流程

市場力量？

務關係。他們現有事業的平台也同等重要，這半台讓網飛能夠很容易地供應串流服務，這起初是作為 DVD 郵寄出租業務的補充品，不是一項獨立的服務。但影響遠比你想像的更為重要，因為網飛的串流服務起初只供應少量的影片目錄，若起初的串流服務是個獨立事業，這可能引發顧客抱怨，導致致命的壞口碑。不過網飛需要發展的能力還有很多，隨著他們更積極進取地進軍原創內容，這些必要能力也大大擴展。

● **外部環境**。這些資源與外部環境變化（技術、競爭情勢、法律等等）驅動了一個機會集的有所交集。就網飛的例子來說，進步中的技術前沿開啟了串流的潛力：半導體的摩爾定律，再加上光纖通訊與儲存性能的進步。這些趨勢體現的是高速連結的網際網

路、可接受的數位儲存成本、性能不錯且廣泛分佈的設備（顯示器、儲存裝置、圖形處理與連結等等）。若網飛更早下注於串流事業，可能會溺斃，因為當時的外部環境還未成熟。

- **發明**。就網飛的例子來說，發明是他們的新產品方向：串流與原創內容，以及所有相關的互補品。請注意，＜圖表 8-4＞中，從資源及外部環境朝向發明的箭頭符號用虛線框起來，這意味著，發明的潛力存在那裡，但必須有人把握它（譯註：換言之，〔資源＋外部環境變化〕可能會、也可能不會激發發明。）。

- **市場力量**。最後一步是進軍獨家與原創內容領域，控制住了內容成本，使網飛得以形成強大的規模經濟，也就是市場力量。請注意，＜圖表 8-4＞中，從發明到市場力量的箭頭符號也用虛線框起來，意味多數發明並不確保一定能形成市場力量。此外，如前文所述，卓越營運不會形成市場力量，在重新發明的過程中，卓越營運其實是一個常數。

　　所以，若想建立市場力量，你的第一步是發明：突破性的產品、迷人的品牌、創新的事業模式、優異獨特的流程。這是第一步，但不能就此止步。若網飛發明了串流服務，但沒有推出獨家原創節目，他們就只剩下一個容易被仿效複製的商品化事業，那就沒有市場力量，事業也不會有多大價值。

　　這是市場力量登場之處，在發明中，你必須持續注意市場力量的開展。七種市場力量架構幫助你把注意力聚焦於重要的東西，提高產生好結果的可能性，這是策略學能做到的最佳效用了，當然，這不是一切，

但已經夠多了。

明茲柏格的那篇文章提出了一個挑戰：「一門知識學科能否對一項（雕琢）技藝作出有用的貢獻呢？」或者更明確地說：「策略學能幫助策略嗎？」現在你已經知道答案了，是的，能，但前提是策略學必須能在決定性時刻指引你朝向市場力量。我建構七種市場力量架構，就是把這目的牢記於心：一個實用的策略羅盤。

▌發明：左右開弓的價值出擊

截至目前為止，一切都不錯。透過七種市場力量這面透鏡來檢視，我們已經獲得一個重要洞察：得先有發明，才可能發展市場力量。你的事業若想創造價值，首先得有行動與創造力。不過，事業成功需要的不只是市場力量，還需要規模。回顧策略的基本方程式：

| 價值＝[市場規模]×[市場力量]

在本書的第一部（策略靜態學），我們只聚焦於市場力量，把市場規模視為一個定數；但在策略動態學中，不能再把市場規模視為一個定數了。網飛的發明（串流服務）不僅創造了市場力量的潛在機會，也創造了串流市場，必須同時存在這兩個因子，才能使價值提高百倍。發明具有強大的左右開弓價值出擊：既開啟了通往市場力量之門，也推動市場規模。

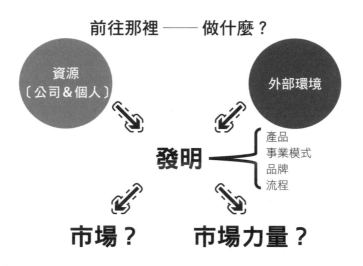

前往那裡 —— 做什麼？

資源
〔公司＆個人〕

外部環境

發明

產品
事業模式
品牌
流程

市場？　　市場力量？

▍動人的價值 [90]

　　發明驅動有利的系統經濟變化。以少博多，最終的利益將在你的公司、價值鏈上的其他廠商之間分配，七種市場力量架構就是要確保你的公司能獲取這利益中的一大部分。但是想形塑市場規模，必須增加顧客體驗的益處。以網飛串流事業來說，若顧客對這種新的影音遞送方式反應不佳，那麼市場力量的所有機會將化為泡影。本章其餘內容將探討這個顧客價值面，我將使用「動人的價值」（compelling value）[91] 一詞來描繪，在顧客眼中足夠優異而能激起顧客及潛在顧客快速採用的產品，這種產品激發人們「必須擁有（gotta have）」的反應，就是這種刺激驅動了策略方程式的左邊部分：市場規模。

產品差異性必須相當顯著，才能激起「必須擁有」的反應，問題是，多大的差異程度才行呢？若能用數字來衡量就好了。傑出的英特爾執行長安迪・葛羅夫就這麼做了，他說 10 倍是大致正確的數字。[92] 這或許是正確的，至少他如此對待所屬的半導體業。但是在其他產業可能就不正確了。例如，一種光電系統效率提高 50%，或一種電池的電荷密度是現有電池的兩倍，可能就已經越過「顯著差異」的門檻了。

市場上常存在現有產品未能滿足重要顧客的需求，為做到動人的價值，你得動員事業能力去提供一種可以滿足此重要需求的產品，這個重要需求將驅動顧客採用你的產品，參見＜圖表 8-6 ＞。

＜圖表 8-6 ＞動人的價值

▍能力激發的動人價值：奧多比 Acrobat

有三種途徑可以創造動人的價值，每種途徑有不同的戰術需求，因此，把它們區分開來探討比較有幫助。第一種途徑是能力激發的動人價

值（capabilities-led compelling value）：一家公司試圖把某項能力轉化成一種具有動人價值的產品。

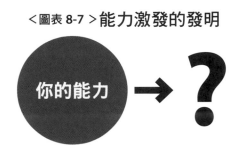

<圖表 8-7 >能力激發的發明

以奧多比開發的文書處理軟體 Acrobat 為例，派上用場的關鍵能力是，奧多比在軟體與製圖交集領域的既有優異專長。奧多比的共同創辦人約翰‧沃納克（John Warnock）想利用此專長開發一套能夠在各種電腦平台上透明分享、同時又維持視覺完善的軟體。

經過兩年密集的起起伏伏努力，奧多比在 1993 年 6 月 15 日推出 Acrobat 1.0。Acrobat 似乎為所有企業面臨的「文件混亂狀態」這苦惱問題，提供了解決方案，因此外界對此產品高度期待：

| ……市場非常興奮，期望高得不行，就像 Photoshop 的翻版，
| Photoshop 當年起飛得非常快。[93]

但是，Acrobat 第一年的營收額還不到 $200 萬美元，第二年也沒多少起色。技術領導人鮑伯‧伍爾夫（Bob Wulff）保住了他的工作，但奧

多比的總經理一職換人速度就像旋轉門。沒多久，Acrobat 2.0 的銷售績效也慘遭滑鐵盧。

最終，技術的進步（在此指的是網際網路）為奧多比創造了一個意外的機會。網際網路的賦能語言 HTML（超文本標記語言）使得文件必須回流去配合使用者的平台，在多數情況下，並沒有什麼大問題，但有許多文件（例如簡報及契約）必須維持格式原貌，Acrobat 能滿足這個需求。到了 1996 年底，Acrobat 的營收額已經增加到 $2,500 萬美元，1998 年年底，再提高到 $5,800 萬美元，十年後，Acrobat 已經成為一個年營收近 10 億美元的事業，為奧多比公司的價值作出重要貢獻。

但是，這類由能力激發的發明行動存在不確定性：顧客的需求未知，使得這類行動的風險相當大。事實上，因為風險太大了，所以或許應該等到早期出現一個確定的障礙時，再採取這個行動。另外，也請注意，訴諸這條途徑時，顧客表達的「想要」或許能提供一些指引，但也可能具有高度誤導作用，例如，IBM 很早就鼓勵奧多比開發 Acrobat 的行動，但後來又因為這套軟體的缺點而裹足不前。賈伯斯的這句話點出了背後的原因：

| 很多時候，人們根本不知道他們想要什麼，直到你展示給他們看。[94]

為了成功，公司得置身賽局中，適切地作出調整與轉變，以迎合環境與情況的需求，這通常得花蠻長時間（以奧多比的 Acrobat 事業來說，花了五年），而且期間將遭遇許多曲折。不過，公司應該避免作出過高的承諾，抱持及承受太高的期望：若新事業是一個獨立事業，如此高的承諾將

導致無法持續的外來資金要求；若新事業是由既有事業建立的，如此高的承諾將導致公司內部的抗體不斷地想要中止這新行動。

▎顧客激發的動人價值：康寧光纖

創造動人價值的第二種途徑是顧客激發的動人價值（customer-led compelling value）：許多廠商覺察市場上有一個尚未被滿足的顧客需求，但沒有廠商知道如何去滿足這需求。

<圖表 8-8 >**顧客激發的發明**

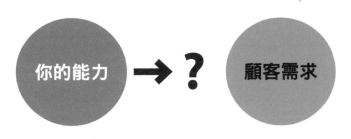

康寧公司（Corning）的光纖是個好例子。1970 年代初期，光纖（又名「波導管」）已經被視為通訊的聖杯，具有潛力處理大增的流量密度，光纖的問世似乎對任何能夠解決問題的公司，提供了一個確鑿的動人價值。不幸的是，玻璃光纖對透明度（透通性）的要求難以想像，若海洋能符合光纖需要的透明度，你就可以站在馬里亞納海溝（Marianas Trench）上方，看到位於海平面下 35,798 呎的最底處。

更艱難的是，康寧公司當時在這個領域遠遠落後且資源不足，雖然康

寧在玻璃領域是傑出的巨人，但在電訊領域卻是新手，跟這個領域的其他公司相比無足輕重。就連電訊技術的全球領先者 AT&T，當時也把目光瞄向光纖通訊這個聖杯，而康寧與之相較，簡直是小巫見大巫。

在尋求解決透通性問題方面，那些競爭者選擇訴諸一條相當合理的漸進途徑，使用已經在短距通訊光纖上獲致成功的玻璃配方，試圖提高透明度。康寧的老兵、擁有麻省理工學院物理學博士學位的羅伯·毛瑞爾（Robert Maurer，）選擇不同的方向，他決定使用以透明度聞名的純矽石（又名純石英玻璃或矽玻璃），從無到有地製造出光纖。矽石（二氧化矽）是不活潑的物質，熔點高，黏度高，但選擇使用它有兩個優點：其一，物質本身非常清澈；其二，康寧對這種材料的熟悉程度遠大於其他材料。

光纖由一個外包層和一個內核心組成，二者之間的介面物理性保持光能夠在內核心傳輸而不「外溢」。但是，毛瑞爾和他的兩位團隊成員唐納德·奎克（Donald Keck）及彼得·舒爾茲（Peter Schultz）面臨一個人障礙，那就是如何把純矽石放進內核心。歷經許多困難與死路後，這團隊終於想出一個方法，使用氣相沉積（vapor deposition）製程，在外包層玻璃內鋪上一層均勻的純矽石薄層。

1970 年 9 月，舒爾茲和奎克製造出整整一公里長的光纖，雖然在包裝時弄斷了，他們仍留下了兩個很棒的樣品。這光纖已經可供週五下午進行測試，結束後舒爾茲便收工回家，但奎克已經等不及了，他非常擔心這光纖的脆弱度。

他（奎克）架設了一台把紅色氦氖雷射光束照進光纖的測試裝置，幫助他校準。「我現在還清楚地記得，我把光纖移過去，當雷射光照到內核心時，突然間，我看到了閃光」……，奎克回憶……（他起初愣住了），然後，他發現，這光在 200 公尺長的光纖中來來回回穿梭……，呈現在他眼前的是他們製造出的玻璃光纖中最清澈的一個。」[95,96]

雖然這不是故事的句點，但透明度的突破達到了動人價值，光傳輸大大降低了一個重要人類需求：遠距互動的價格。光纖很快地成為上個世紀的偉大賦能技術之一，深遠地改變了每一個社會領域，從社交、工業、軍事到學術等等，當然了，沒有光纖，就不可能有我們現今所知道的網際網路。

這個例子中，不確定性在於技術層面：「我們能發明出來嗎？」

▍競爭者激發的動人價值：索尼 PlayStation

創造動人價值的第三種途徑是競爭者激發的動人價值（competitor-led compelling value）：一個競爭者已經在市場上推出一項成功的產品，發明者必須創造出遠遠更好、能激起「必須擁有」反應的產品。

索尼的遊戲機 PlayStation 就是一個例子。1990 年代初期，索尼在消費性電子產品領域是個強大的存在，但在電玩領域只是個新進者，面對強大的在位者任天堂及世雅育樂（譯註：Sega 也譯世嘉，但該公司在台灣的中文註冊名為世雅育樂）。

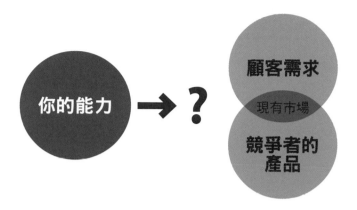

<圖表 8-9 >競爭者激發的發明

　　一個進步中的技術前沿，再次為開創性的挑戰者開啟了一扇門。通常，進化的產品沒有多大機會對地位牢固的競爭對手先發制人，但索尼的工程師久夛良木健（Ken Kutaragi）聰穎、好勝，是索尼進軍電玩產業的先鋒，他相信，即時 3D 繪圖（real-time 3D graphics）技術的突破，能激發人們「必須擁有」的反應。沉浸其中是遊戲者的極樂世界，3D 是模擬現實的一大改變，能夠誘發在 2D 世界裡無動於衷的左右腦產生反應。

　　PlayStation 的故事有許多高戲劇性元素，一切的高潮是索尼總裁大賀典雄（Norio Ohga）親自保證投資 PlayStation 需要的電腦晶片：

> 1993 年 5 月，索尼的主管委員會聽取久夛良木健與其直屬主管德中暉久（Teruhia Tokunaka）的簡報，在大賀典雄的主導下，主管委員會同意投資 5,000 萬美元發展這部遊戲機的電腦晶片，儘管這個新事業的前景未卜……。久夛良木健回憶，他當時填寫 130 萬美元的電腦晶片採購單時，手都在發抖……。[97]

　　1994 年 12 月 3 日，索尼在日本推出 PlatStation，街上民眾大排長龍，一個月就賣出 30 萬台。1999 年會計年度（日本會計截止日為是年 3 月 31 日），遊戲事業部占了索尼營運獲利的 27%。到了 2000 年推出 PlaytStation 2 時，這款遊戲機賣出 9,000 萬，令任天堂的 1,800 萬台遊戲機徹底相形失色，世雅育樂更是被打趴在地，世雅育樂的「Staturn」遊戲機只賣出了 900 萬台。[98] 現在，索尼尋求改造自身時，電玩事業依然是公司的燦爛事業。

　　在競爭者激發的動人價值這條途徑上，不確定存在兩個面向：第一，產品的新性能會不會有足夠的差異化吸引力來搶奪市場占有率？第二，既有競爭者的反應會不會太遲？

　　競爭者激發的創作，往往需要有膽識作出前置大投入與信諾。在這條途徑上，時間常數較小，競爭者的反應更逼近，你往往必須事先和互補品的供應商做好正式安排，若你沒有作出如此大的前置投入與信諾，那些供應商不會加入你的行列。以 PlayStation 為例，索尼必須對獨立的遊戲軟體開發公司作出這樣的承諾，才能確保他們為這個平台開發遊戲軟體。至於 iPhone 的情況，則是需要和電信業巨人建立合作關係。

▋結論

　　「我必須做什麼？」，以及「我何時能做？」這兩個疑問，是在事業中建立市場力量的關鍵之鑰，本章探討第一個疑問，下一章將探討第二個疑問。

　　「什麼？」這個疑問的答案為我們提供了動態學的一個重要洞察：先有發明，才可能建立市場力量，不論這發明是產品、流程、品牌或事業模式。但是，多數發明只體現於卓越營運，無法使事業免於遭受競爭套利。因此，在發明的形成期，你必須注意市場力量的緊急情況，永恆保持警戒，這也是我發展七種市場力量架構的目的——為你提供應付這點的指南。

　　賈伯斯聞名於世的，是他堅定追求創造「好到暴的產品」（insanely great products），這可不是異想天開，而是具有深切的策略含義：好到爆的產品才能提供動人的價值，激發人們「必須擁有」的反應。發明不僅開啟通往市場力量之門，也推動市場規模，等於策略方程式中的另一半。

　　下一章，我們要探討另一個互補性質的疑問，為「何時？」提供解答。

股權投資，以及用七種市場力量架構當成策略羅盤

　　除了策略顧問工作，我也是資歷數十年的主動型股權投資人，利用我從策略動態學中了解到的事業價值，以及自己發展出的整套策略學工具箱，包括七種市場力量架構（可參考附錄9-1的市場力量動態學工具箱）。我長期間的投資結果和本書主題有一些關聯，七種市場力量架構具有高敏銳度，正確地描繪了高變動情況下的市場力量前景，我的投資仰賴這架構。不過，在高變動的境況中評估市場力量的前景，也是企業人士需要策略羅盤的原因。下文提供一些細節。

　　首先總結策略羅盤的論點：

- 我提出的基本假說是，策略學及策略的目的只有一個：潛在的基本面事業價值最大化。我稱此為「價值公理」（Value Axiom），是市場力量動態學及七種市場力量架構的基礎。這個主張意味著我刻意縮窄範圍。過去數十年的經驗已經向我證明，採行「價值公理」可以大大增益敏銳度及實用性。
- 一個事業最重要的「價值時刻」（value moment）是，當策略基本方程式的兩個部分，市場規模及市場力量的

不確定性顯著降低時，此時現金流量前景的透明度會大躍增。

- 發明期間以及這期間的高變動性，引發了「價值時刻」，提供了推動市場規模及市場力量的潛力。這段期間，高度的不確定性持續，因為這些轉變通常不是線性的，難以正確預測。

- 在這段期間，若策略學能夠作為一個策略羅盤，指引一般投資人，提高他們找到實踐策略「真言」的途徑，策略學才能作出貢獻。

- 為了能夠作為策略羅盤，提供認知指引，一個策略學架構必須既簡明、但又不過於簡單化，這是七種市場力量架構的目的。

那麼，這跟主動型股權投資有何關聯呢？

就我所知，七種市場力量架構適用於任何地方的所有事業。此外，架構以基本面事業價值為基礎，這也是一大群投資人所關心的。那麼，這是否意味，使用七種市場力量架構更能得出投資任何一家公司的 alpha[99] 呢？當然不是。

在所有情況下，機敏的投資專業人士大多能夠明顯看出市場力量及市場規模的潛力，尤其是，從過去的財務數字往往能夠看出這些端倪。Alpha 有賴於半強式效率市場假說（semi-strong form of Efficient Market Hypothesis）的例外情形：你具有重大訊息優勢。在這類情況下，七種市場力量架構無法提

供這種優勢。（譯註：在半強式效率市場中，目前股價已充分反應了所有公開資訊，因此投資人無法藉由分析這類情報作預測來獲得較高的投資報酬，除非你具有重大訊息優勢，才能獲得 alpha。）

唯一可以使用七種市場力量架構來獲得 alpha 的情況是，當市場不存在這種資訊透明度時。換言之，就是當資訊不透明時，七種市場力量架構能夠穿透這種不透明性。

造成不透明性的一個重要原因是高變動：若一個事業處於快速變化的環境，專業投資人士接收的資訊，往往對未來自由現金流量具有更高的不確定性。但是，高變動也往往伴隨著創造「價值時刻」的條件，因此，七種市場力量架構能夠藉由事前辨識這些情況中的市場力量來獲得 alpha，這架構也有助於那些試圖找到一條實踐「真言」途徑的一般投資人。

那麼，我使用這方法投資的成果如何呢？獲得了 alpha 嗎？我的活躍投資紀錄遠溯至 22 年前，但我可以扼要回答這些問題。我有在市場中 4,664 個交易日的每日資產組合報酬率資料，日期從 1994 年初到 2015 年 [100]，＜圖表 8-10 ＞顯示我的每年毛報酬率。

所以這 22 年期間，我完全投入市場的交易日數相當於 17 年，部分投入於市場的交易日數相當於 3 年，完全不在市場上交易的日數相當於 2 年。在從事投資交易的 20 年（17 年加 3 年），我的毛報酬率高於市場報酬率的時間有 14 年，低於市場報酬率的時間有 6 年。在活躍投資的那些交易日，我的平均年

報酬率是 41.5%，遠高於標普 500 的平均年報酬率 14.9%，也就是說，我的平均年報酬率比標普 500 高出 26.6%。[101]

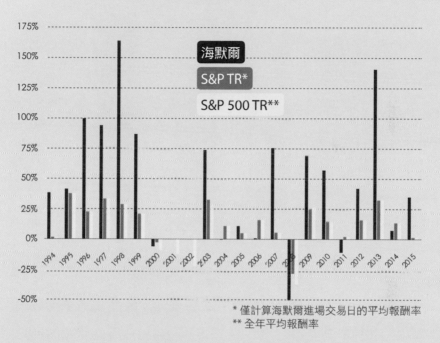

＜圖表 8-10 ＞作者海默爾的每年主動型股權投資毛報酬率
（1994 年—2015 年）

海默爾
S&P TR*
S&P 500 TR**

* 僅計算海默爾進場交易日的平均報酬率
** 全年平均報酬率

　　不過，我的高度集中投資法產生的風險情況也不同於大盤的風險情況，因此，我們也應該檢視經過風險調整後的報酬率。調整的方法之一是，去除大盤的整體波動效果（beta），經過這風險調整後，我的平均年 alpha 是 24.3%（相當於平均每個交易日 9.1 個基點，一個基點是 0.01%）。

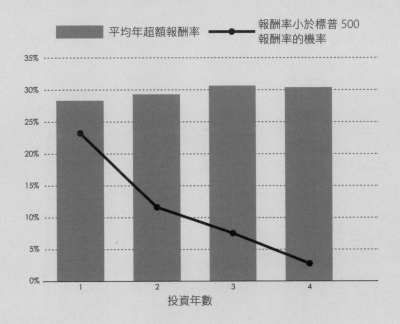

〈圖表 8-11〉作者海默爾的每年主動型股權投資經過風險調整後的毛報酬率（1994 年－2015 年）

平均年超額報酬率　報酬率小於標普 500 報酬率的機率

投資年數

由於高度集中[102]，我投資方法的波動率較高，年平均波動率為 31.6%，高於標普 500 的 15.8%。為評估與此有關的風險／報酬，一個有用的方法是，計算投資人贏過大盤的可能性，為此針對 4,664 個交易日，我計算風險／報酬情況：

1. **風險。**若一位投資人持續使用我的方法一年、兩年、三年、及四年，他的報酬率小於大盤的機率是多少？[103]

2. **報酬**。在這一年、兩年、三年、及四年期間，平均年報
   酬率是多少？

　　＜圖表 8-11 ＞是計算得出的結果。這圖表顯示，若你使用
我的方法來投資，並且持續四年，你的平均年報酬率輸給大盤
的機率只有 3％（這就是你的風險），持股四年，你的每年平均
報酬率比大盤高 30％（這是你的報酬）。

　　根據這些評量，使用七種市場力量架構的長期報酬率很
豐厚，我不知道有什麼別的策略學架構能產生這樣的成果。所
以，七種市場力量架構似乎是個在高變動情況下，事前辨識市
場力量潛力的銳利工具，這為事業領導人在他們的重要「價值
時刻」（同樣是高變動境況），用七種市場力量架構當成認知
指南，提供了更多的信心。

CHAPTER 9

市場力量進程
「何時」
轉變，轉變，轉變

▌英特爾：從無到有

在前言中，我使用英特爾的個案研究來說明，市場力量在創造價值上的重要性，該公司的經驗特別有啟發性，因為該公司失敗的記憶體事業正好和非常成功的微處理器事業形成鮮明的對照組。[104] 英特爾的所有明顯優勢，包括卓越的領導與管理、技術深度、製造能力、爆炸性成長的市場等等，全都同等惠及這兩個事業，但兩個事業的結果截然不同：痛苦地退出記憶體市場 vs. 微處理器事業享有持久的高利潤。差別在哪裡？一個事業具有市場力量，另一個事業沒有。這兩個案例研究凸顯了重點：你的事業必須獲得市場力量，光有卓越營運還不夠。

上一章解答了動態學的第一個疑問：一個事業必須做「什麼」來建立市場力量？，在那一章中得到的見解，完全在英特爾的微處理器事業中表現出來了，那就是一切始於發明。更確切地說，為履行日本計算機公司 Busicom 委託的晶片設計，英特爾發明了微處理器。[105]

本章將探討動態學的第二個疑問：你「何時」能夠達到市場力量？首先，我將解答英特爾微處理器事業的疑問，接著從這裡導引出市場力量進程，這個架構可回答每一種市場力量的「何時？」問題。首先來看英特爾這個案例。

英特爾微處理器事業建立市場力量之路緩慢、多曲折。跟多數改革性產品一樣，英特爾的微處理器事業充滿爭論與不確定性。在內部，公司的抗體全力抵抗，能幹的銷售與行銷主管比爾·葛拉罕（Bill Graham）竭盡全力鎮壓推動微處理器事業的推力，他無法想像這個事業將如何耗用英特爾的珍貴現金。公司董事會也擔心，把部分資源與心力轉投於這個事業，可能太昂貴。但是，執行長羅伯·諾伊斯及董事會主席亞瑟·洛克（Arthur Rock）的意見占上風，葛拉罕輸了這場爭戰。

如前所述，英特爾最初是接了日本計算機公司 Busicom 的委託單，設計出開創性的微處理器，因此他們先得買回這項發明權利。他們成功做到了這一點，買回這權利後沒多久，英特爾就開始供應最早的商用微處理器 4004（四位元）。然後拖拖拉拉過了一陣子，英特爾終於提供充足資金給設計團隊，於是該公司在 1972 年推出 4004 的後續產品 8008（八位元）。接下來，研發工作繼續在 1978 年推出突破性的十六位元微處理器 8086。

然而，外部挑戰的艱難程度絲毫不亞於內部挑戰。在顧客端，4004幾乎沒什麼商業市場。半導體是元件，不是終端產品，購買市場取決於其他製造商如何評估、設計自家的產品來結合這新元件，最終把這些產品供應給消費者。這些滯後作用很顯著，對微處理器這個元件來說，尤其如此，因為這產品太先進了，不是屬於增量改進的產品，而是提供了

完全不同的電腦運算功能。

競爭面也出乎意料地艱難。這項新技術在市場採納的滯後期長，使得競爭者有充足時間去利用英特爾的經驗，研發屬於自己的類似產品。1978 年末，英特爾驚愕地發現，他們不再居於領先地位，在微處理器的設計上，競爭者已經追趕到英特爾前頭，就連英特爾內部也承認，摩托羅拉 68000 是更優異的微處理器。毀滅英特爾記憶體事業的競爭動態，現在也威脅到微處理器事業了。

此時，安迪・葛羅夫趕緊為英特爾注入進取的力量，啟動「征服行動」（Operation Crush），在銷售與行銷陣線勇猛出擊。領導高層訂定一個宏大的目標：英特爾必須在一年內贏得 2,000 筆設計訂單。接著，公司開始全面致力於執行這個征服行動。

強烈的逼促激勵該公司的銷售工程師厄爾・惠史東（Earl Whetstone）作出艱難嘗試：向 IBM 推銷英特爾微處理器。截至當時為止，絕大多數人都認為 IBM 會自己應付重要的半導體需求，該公司有自己的微處理器 IBM 801 RISC，功能遠比英特爾 8086 強大，再加上 IBM 有自己的半導體製造系統，規模比當時任何一家半導體公司都要大。

但是，時局對 IBM 而言已經改變。該公司已經錯過了迷你電腦的榮景，在電腦的整體市場占有率已經明顯下滑，公司股價也下挫，這挫敗使得 IBM 敞開心胸，擁抱新的事業經營方法，最終產生了「西洋棋專案」（Project Chess），僅僅一年的時間大舉投資研發出了個人電腦。

為降低成本及縮短延遲，IBM 放棄該公司的各種常例實務，因此惠史東上門推銷時，非常意外地發現，在佛羅里達州博卡拉頓市（Boca Raton）領導「西洋棋專案」的唐納德・艾斯翠奇（Don Estridge）對他

的態度很誠摯友善。

艾斯翠奇及團隊的奮鬥，達成了 IBM 訂定的艱難目標，他們在一年內研發出革命性的 IBM 個人電腦，裡頭使用英特爾 8088 微處理器，這是 8086 的簡化版。誰也料想不到接下來的市場大爆炸，IBM 個人電腦在 1981 年 8 月 12 日問市，第二年就賣出了 75 萬台[106]，每一台裡頭都有一部英特爾 8088，這下英特爾的微處理器終於挖到了主礦脈！

從發明到市場力量

<圖表 9-1 >顯示從 8088 微處理器的設計到 2015 年底這段期間的英特爾股價走勢。

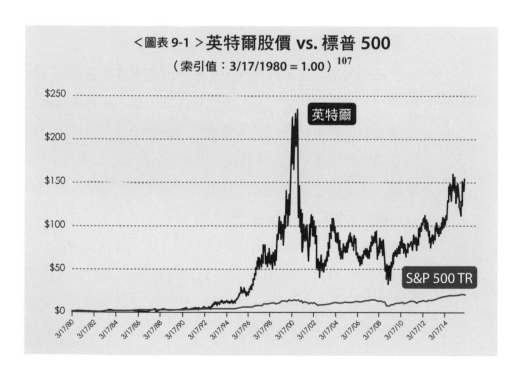

<圖表 9-1 >英特爾股價 vs. 標普 500
（索引值：3/17/1980 = 1.00）[107]

這段期間，英特爾的市值激升超過千億美元的稀薄空氣層，並停留在那裡，股價上漲超過 8500％，遠遠高於標普 500 的漲幅（約 2000％）。這價值全來自該公司的微處理器事業，更確切地說，來自以下三種市場力量[108]：

1. **規模經濟**。搭著 IBM 個人電腦這具火箭推進器，英特爾達到了自家從未放棄的大規模優勢，使得平均每單位成本以幾種方式降低：
   - 晶片設計的固定成本：半導體的設計成本高，英特爾用遠比競爭者高的數量分攤這項固定成本，大大降低了平均每單位成本。
   - 固定工廠設計成本：半導體工廠（晶圓廠）複雜且昂貴，英特爾對晶圓廠使用單一設計，因此晶圓廠設計成本由多座晶圓廠共同分攤，使得每片晶片的成本降低。
   - 半導體微影術進步的先行者：每一代的半導體會移向更小的晶片，形成明顯的製造與產品效率。更高的需求預測使英特爾能夠更快速地把晶圓廠轉向更小的蝕刻寬度，進而提高他們生產每片晶片的成本優勢。
2. **網路經濟**。消費者不是只買晶片，甚至不是買個人電腦，他們購買個人電腦時，實際上購買著，個人電腦運行的應用程式能為他們做特定的事。這意味著軟體與硬體密切合作，屬於互補品。在早年消費者面向的個人電腦問市時，由於記憶體與晶片速度的限制，作業系統及一些應用程式必須專門配合處理器來編程，尤其是使 IBM 個人電腦起飛的試算表軟體 Lotus 123，其程式是專門

為英特爾處理器撰寫的，微軟公司提供的作業系統 MS-DOS 也一樣。這代表，當其他的個人電腦製造商進軍這市場時，必須打造 IBM 仿製品，否則就沒有作業系統及應用程式可用。這也導致製造商得使用英特爾的處理器或與英特爾相容的晶片。網路經濟就此應運而生。

3. **轉換成本**。若你擁有一台個人電腦，在考慮轉換別款時，專門針對晶片而設計的程式將使你打消轉換到非使用英特爾晶片電腦的念頭，否則如此一來，之前你學習現有程式而投入的時間與心力都白費了。

假以時日，作業系統及應用程式軟體得與特定晶片脫鉤，將大大降低網路經濟效益，但到了那時候，英特爾早已經達到巨大的規模優勢了。我的前夥伴比爾‧米契爾（Bill Mitchell）這麼說：

> 可以用一句話來總結英特爾的故事：一次的設計勝利，接續十五年很高的轉換成本，接著是規模經濟。[109]

英特爾如何前往每一種市場力量的源頭呢？

● **規模經濟**。為了建立這種優勢，在個人電腦市場爆炸性成長階段（譯註：不是指產品生命週期的起飛階段，後面會說明）終了前，英特爾已經取得了必要的市場占有率。等到爆炸性成長趨緩下來後，市場已經很了解利害關係了，數量領先者可以、也將會

使用成本優勢來抵禦競爭者。

● **網路經濟**。就網路經濟而言，起飛階段尤為重要。網路經濟通常有一個引爆點，一旦領先者在現有使用者數量上達到一個優勢，多數使用者會發現，選擇這個領先者對他們有益。對應用程式軟體開發商來說，具吸引力的微型電腦平台選擇只有兩個，因為只有這兩個具有足夠規模：蘋果電腦及個人電腦。在缺乏具有競爭力的應用程式下，其他平台註定滅亡。

● **轉換成本**。對轉換成本而言，起飛階段也是關鍵階段。首先，轉換成本是率先贏得顧客的廠商市場力量源頭，在起飛階段建立的顧客關係是一項財富。其次，在起飛階段，顧客往往苦於找到供應者，但到了後面階段，供應的廠商增加了，價格競爭導致的低價格終將使得一些顧客覺得接受轉換成本是划算的。

▌市場力量進程：起飛階段

所以，英特爾的所有市場力量源頭都根源於起飛階段。在起飛階段，廠商可以用有利的差別條件去贏取不同的顧客，因此提供了建立市場力量的理想機會。在起飛階段，變動程度高，延後了競爭套利過程，這對結果有重要影響：領先者可以利用尚未發生競爭套利的這段期間消除不確定性、透明化、修改產品、建立產能、建立通路、做有效行銷等等。對英特爾而言，「征服行動」對建立市場力量起了決定性影響，因為這行動讓該公司敲開了 IBM 的大門。到了後面階段，一個成熟的事業在市場上就只剩下你來我往的競爭套利了。

多少的成長率可視為起飛階段的句點呢？這得視變動程度及不確定性而定，但根據我的經驗，年成長率 30％至 40％似乎是個可以選擇的分界點，用這分界點來看的話，個人電腦市場的起飛大概始於 1975 年，伴隨著英特爾 8080 微處理器，一直持續到 1983 年。

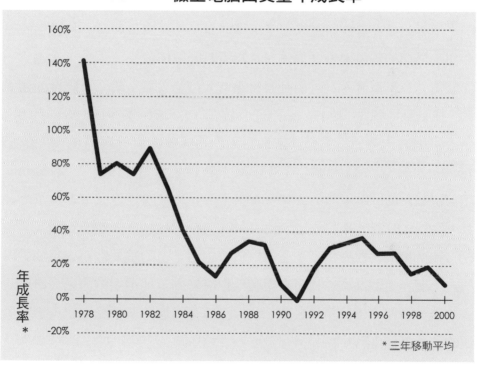

<圖表 9-2 >微型電腦出貨量年成長率 [110]

有了這個認識，你就能看出，英特爾是趕巧碰上了關鍵的大好時機，這關鍵時機有了決定性的突破，把競爭群甩開。若個人電腦市場向前邁進一、兩年之際，並未使用英特爾的微處理器，機會之窗定然關

閉，英特爾的微處理器事業不會出現突破，雖然事業的銷售額大概會增加，但建立市場力量的可能性就渺茫了，因為規模經濟的機會稍縱即逝。換個角度來說吧，若當時是另一家微處理器公司贏得了 IBM 的合約，我們現今知道的這個英特爾就不會存在。

這種情況滋生出一種常見的偽陽性：常有公司在爆炸性成長階段展現相當好的財務績效，未來看似光明，長期成功似乎是鐵板釘釘的事。不幸的是，若公司還未建立市場力量，一旦成長趨緩，將發生競爭套利，早期的豐厚報酬會消失。身為策略師與價值投資人，每當遇到一位公司執行長或財務長說很高興自家進入行業市場，成為很賺錢的競爭者，並且堅稱該公司已經「應證了市場」時，我總會皺眉。1981 年 IBM 個人電腦問市時，蘋果公司傲慢魯莽地在《華爾街日報》（*Wall Street Journal*）刊登一幅大廣告：「IBM，歡迎你，真心的」（Welcome, IBM. Seriously.），蘋果公司根本不了解在起飛階段建立市場力量的性質：你和你的競爭者正在進行相對規模競賽，贏家只有一個。

英特爾的經驗提供了一個有關於「何時？」的重要啟示：起飛階段代表一個僅有的時機，只有在此時，你能起動三種重要的市場力量：規模經濟、網路經濟及轉換成本，若你沒掌握這個時機，建立這些市場力量的機會就永遠消失了。

▌市場力量進程時鐘

基於起飛階段對於建立市場力量的關鍵重要性，取得市場力量的時鐘校準應該分為三個時間窗口：起飛之前、起飛期間、起飛之後。

階段 1. 起飛之前：起始階段。這是公司越過「動人的價值」門檻之前，在此階段，銷售速度加快。就英特爾微處理器事業而言，整個 Busicom 期間，包括英特爾推出 8080 微處理器之前的行動，構成起始階段。

階段 2. 起飛期間：起飛階段。這是爆炸性成長期間。

階段 3. 起飛之後：穩定階段。事業仍可能繼續有相當程度的成長，但已經從爆炸水準降緩下來。銷售量年成長率 30％至 40％，是起飛期與穩定期分界點的可行選擇，高於這成長率，市場規模會在兩年間翻倍，那表示還有足夠的不穩定性，足以在無摧毀價值的競爭行動中，讓市場霸位易主。因此，高於這成長率還不算進入穩定階段。

請注意，這裡用成長情形來劃分階段，不應該有「這些階段劃分與眾所周知的產品生命週期階段（推出、成長、成熟、衰退）相同」的印象，二者並不相互對齊，這差別很重要。首先，上面敘述的三個階段使用的是事業成長指標、而非產業成長指標來定義（參見附錄 9-3），事業成長反映的是，公司在該一事業中面對的變動程度。其次，事業的階段分界點完全不同，起始階段先於這些產品生命週期階段，起始階段可能有很長一段期間沒有任何銷售量，而穩定階段還有相當程度的成長，因此和產品生命週期的最後三階段有所重疊。我使用「起飛」來劃分市場力量三階段，在試圖辨識市場力量的可得性時，這種劃分法很有幫助，產品生命週期的階段劃分則無法滿足這目的。

謹記這點，接下來，我可以處理本章一開始提出的挑戰了：我們可以概括地推論市場力量是「何時」建立的嗎？我將使用跟第八章一樣的方法，用市場力量種類來剖析這個疑問：「七種市場力量的每一種必須

在起始、起飛或穩定階段建立嗎？」

更進一步地說，我實際上要問的是：「必須在何時豎立起障礙？」效益面與障礙面要同時出現，才能形成市場力量，在動態學中，這二者都扮演關鍵至要的角色。第八章探討了發明的重要角色——種植效益，形成市場力量的潛力。但是，如同我在本書一再提及的，效益很常見，往往對公司價值沒有多大的正面影響，因為效益通常會被市場競爭充分套利。真正的價值潛力在於，你能夠防阻這種競爭套利的少見境況，障礙面就能做到這點。因此，建立確立的市場力量通常同時伴隨著豎立起障礙。若未豎立障礙，通常意味著還未建立市場力量。

市場力量進程繪出豎立障礙的時機，＜圖表 9-3 ＞是英特爾微處理器事業的市場力量進程。

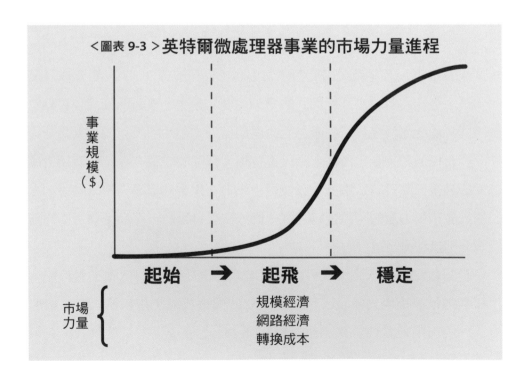

＜圖表 9-3 ＞英特爾微處理器事業的市場力量進程

市場力量進程描繪出「何時」必須建立「何種」市場力量，指出機會之窗開啟的時間點。當然，英特爾的三種市場力量一直持續到穩定階段，這也是該公司價值持久的原因。但是，若英特爾沒有在到達穩定階段之前建立規模經濟、網路經濟或轉換成本，建立市場力量的可能性就永久消失了，該公司可能變成一家低利潤的電子元件公司，無止盡地等著其他半導體公司來襲擊英特爾命運，其中包括僅僅幾年前在記憶體事業領域贏過英特爾的日本重量級競爭者。

▍市場力量進程：起始階段

現在，我們把注意力轉向起飛前的起始階段，有兩種市場力量通常在這較早時期率先開啟機會之窗：壟斷性資源及反向定位。

● **壟斷性資源**。英特爾微處理器事業勝利的關鍵一步，發生於當他們從 Busicom 重新取回發明物專利時，他們在起飛的三年前做到這點。若英特爾沒有取回這些微處理器的專利，另一家公司對英特爾揮舞市場力量，可能阻止英特爾進入這個事業領域。

或許，以下這個也是英特爾在起飛前擁有的壟斷性資源：羅伯·諾伊斯、高登·摩爾與安迪·葛羅夫。亞瑟·洛克說過，英特爾需要諾伊斯、摩爾與葛羅夫這三人的掌舵，而且是依照這順序掌舵，洛克向來熱於把自己的錢投資於他口中說的好領導、好公司。或許沒有這三人，也會有其他領導人或經理人上場，但沒有這三人，我們很難想像英特爾的成功。這三人全都有深厚的技術

能力，但每一個人具有其他兩人欠缺的才能：諾伊斯的遠見領導看出微處理器的潛力，並支持這事業；摩爾的深厚科學能力，幫忙解決早期嚴重的半導體生產問題；葛羅夫毫不懈怠、毫不寬鬆地聚焦於執行，把英特爾推向卓越水準。高層經營管理團隊匯集了三位如此能幹的人可不容易，尤其是對一家新創公司而言。

事實上，起飛前的壟斷性資源是許多重要革命性成功的基礎，例如，藥物專利構成知名製藥事業的基礎，這些革命性成功創造了龐大的股東價值。從一開始就能建立這種市場力量的前景，正是製藥業願意鉅額投資高風險研發工作的原因。[111]

● **反向定位**。反向定位需要發明一個具有吸引力的事業模式，並且這事業模式使得在位者苦惱於「跟進有麻煩，不跟進也有麻煩」的進退兩難困境。為挑戰者創造事業起飛的是這種事業模式，因此必須出現於起飛前的起始階段。

所以，反向定位及壟斷性資源最可能建立於起始階段，這些是很給力、可持久的市場力量類型，特別是你早早就鎖住了通往市場力量的途徑，前提是你執行得宜的話。我把這二者繪入市場力量進程圖中，參見〈圖表9-4〉。

▌市場力量進程：穩定階段

最後，有兩種市場力量可能建立於穩定階段。

- **流程效能**。若一家公司歷經時日發展出一種顯著較優、競爭者無法輕易仿效的內部流程，就能形成流程效能這種市場力量。通常流程效建立於穩定階段，為什麼？因為只有當一間公司的規模夠大、營運得夠久時，才能進化出足夠複雜、晦澀而無法被輕易快速地仿效的流程。[112]

- **堅實品牌**。堅實品牌豎立起的障礙只有一個：挑戰者在試圖模仿時，必須面臨的長時間與不確定性。想想，當一個新進者對抗愛馬仕這個品牌時所面對的陡峭斜率（參見附錄 5-1），因為該公司花了數十年的時間，小心翼翼地建立品質與排他性。由於堅實品牌本來就得歷經長期建立起來，因此建立這種市場力量的機會很明確地落在穩定階段，在此之前，沒有足夠時間可以處心積慮地培養人們對一品牌的認同感及情感向性。

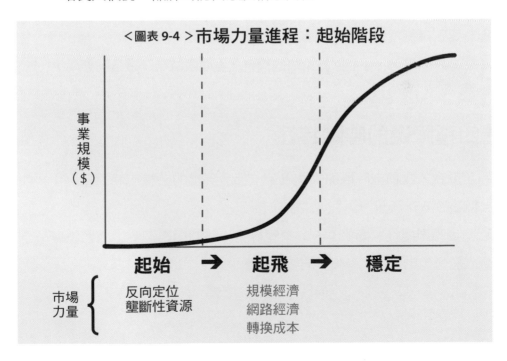

<圖表 9-4 >市場力量進程：起始階段

你可能會認為，在起始階段有機會建立堅實品牌。也許，你的既有品牌正考慮某種轉型，或許是想進軍一個全新的事業領域？你合理地認為，品牌聲譽可以從一開始就為新事業提供明顯的訂價市場力量？請注意，這有可能，但很罕見，想想愛馬仕白蘭地（Hermès Cognac）或保時捷太陽眼鏡（Porsche Sunglasses）的失敗案例，二者都是堅實品牌，但沒能為進軍新事業領域提供助益。最顯著的例外或許是迪士尼成功進軍主題樂園事業領域，但這樣的案例真的很罕見。

探討完這兩種市場力量，就完成了市場力量進程圖（參見＜圖表 9-5 ＞），這圖除了解答「七種市場力量的每一種最早能於何時建立？」的疑問，也是很有用的助記法，能讓你快速把追求市場力量的行動縮窄至自身事業目前所處的階段，評估能夠發展出哪幾種市場力量。

波特教授說，你必須先了解靜態學，才能處理動態學，市場力量進程為這正確洞察提供了一個有力的例證：我們必須先了解每一種市場力量（這是靜態學），才能回答策略的機會之窗開啟時機（這是動態學）。

▌四種障礙的時間特性

現在，我們把時機加入本書第一部發展出的七種市場力量圖中，如＜圖表 9-6 ＞所示。

我們還能從＜圖表 9-6 ＞中獲得另一個動態學洞察：四類障礙分別豎立於特定階段，這是障礙的特質使然。

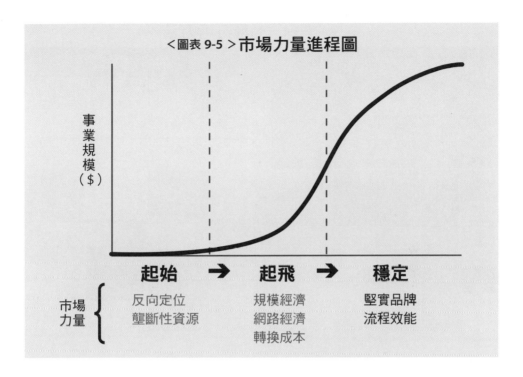

<図表 9-5＞市場力量進程圖

事業規模（$）

起始	→	起飛	→	穩定

市場力量

反向定位	規模經濟	堅實品牌
壟斷性資源	網路經濟	流程效能
	轉換成本	

- **滯後作用**。這是所有廠商面對結構性時間常數時會有的障礙，因此所有倚賴滯後作用這種障礙的市場力量，只能建立於穩定階段，因為起飛階段的期間相對較短，受到時間的限制，通常無法提供足夠時間去形成效益。

- **附帶損失**。這種經濟特性的威脅是，挑戰者的事業模式對在位者的既有事業構成附帶損失，啟動這種模式能讓挑戰者站穩腳跟，因此必須發生於起始階段，其障礙（附帶損失）也豎立於起始階段。

- **法令**。這裡的關鍵涉及了受法令保護的「權利」是否充分反映於價格上。你為壟斷性資源付出的價格必須明顯低於它們創造的效益／

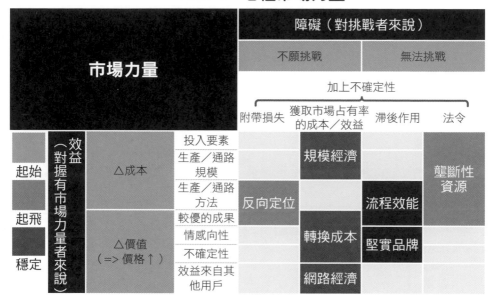

＜圖表 9-6＞七種市場力量

市場力量			障礙（對挑戰者來說）					
			不願挑戰		無法挑戰			
				加上不確定性				
			附帶損失	獲取市場占有率的成本／效益	滯後作用	法令		
起始	效益（對握有市場力量者來說）	△成本	投入要素		規模經濟			壟斷性資源
			生產／通路規模					
起飛			生產／通路方法	反向定位		流程效能		
		△價值（=> 價格↑）	較優的成果		轉換成本	堅實品牌		
			情感向性					
穩定			不確定性					
			效益來自其他用戶		網路經濟			

價值（亦即你為這些資源支付的價格遠低於它們的實際價值），如此才有資格構成壟斷性資源這個市場力量，這通常發生於資源價值還鮮為人知的早期階段。因為到了事業成長的起飛階段，這些資源的價值已經廣為人知，價格就會上揚，顯著侵蝕它們創造的價值。因此，壟斷性資源的障礙豎立於起始階段。

● **獲取市場占有率的成本**。當然，在起始階段，「獲取市場占有率」這論點毫無意義，因為此時都還未實現銷售呢。當事業起飛時，有很多因素會影響一家公司能否最快速地規模化，這些因素包括通路地位、產品特性、溝通與傳播方法、地點、生產限制等等，其結果是，市場占有率的「價格」通常並未反映其內在長期

價值。到達穩定階段後，許多廠商已經知道、且可以取得最有成效的方法或模式，更何況顧客此時的焦點已經從「我能否取得它？」轉為「最實惠的交易在哪裡？」。在這種情況下，每一個廠商都了解市場占有率的價值，全力競爭來攫取市場占有率，通常會將價值套利消耗殆盡。因此，一般來說，廠商只有在起飛階段才能用相當有賺頭的價格取得市場占有率，到了激烈競爭的穩定階段，削價搶市場占有率就太不划算了。

▌市場力量種類的資料分析

截至目前為止，我仰賴理論和佐以軼事來建立市場力量進程架構，為了提供實證，我使用過去七年在史丹福大學經濟系教授「事業策略課程」時的學生研究結果。我讓一組團隊檢視我學生撰寫的所有市場力量實例研究報告，研判市場力量首先發生於什麼階段，統計結果顯示於＜圖表 9-7 ＞的次數分布直方圖。

這直方圖強烈支持前文論述的市場力量建立階段，雖然有例外，但大體上，市場力量進程已經被證實：

● 起始階段：反向定位，壟斷性資源
● 起飛階段：規模經濟，網路經濟，轉換成本
● 穩定階段：堅實品牌，流程效能

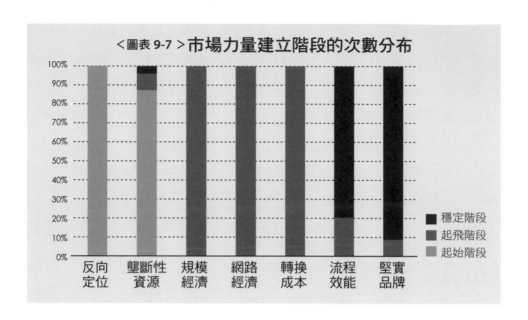

< 圖表 9-7 > 市場力量建立階段的次數分布

圖例：
- 穩定階段
- 起飛階段
- 起始階段

橫軸：反向定位、壟斷性資源、規模經濟、網路經濟、轉換成本、流程效能、堅實品牌

▌動態學與靜態學的差異

從靜態學轉向動態學，範圍明顯擴大。更高層次上，我們看到策略的基本方程式：

$$價值 = M_0\, g\, \bar{s}\, \bar{m}$$

靜態學只關心市場力量，亦即只關心這方程式的後面兩項：$\bar{s}$（市場占有率），以及 $\bar{m}$（差額利潤），主要是聚焦於 $\bar{m}$。在動態學中，一家公司能夠顯著影響兩個與市場規模有關的項目 M_0（目前的市場規模），以及 g（折現後的市場成長因子）。舉例而言，創造「動人的價值」和

「創造市場」二者密不可分。具有動人價值的產品將受到市場歡迎，從而創造或擴大市場。用經濟學的行話來說：在靜態學中，M_0 和 g 被視為外生因素；在動態學中，它們是內生因素。

這種從靜態學轉向動態學的範圍擴大也適用於許多其他層面，卓越營運就是一個好例子。在靜態學的討論中，我解釋何以卓越營運不是策略性質，因為它可以被仿效，因此會遭受競爭套利。但在高變動、時間範圍縮短的起飛階段，較不可能做到及時仿效，於是卓越營運就可能有高度策略性質。

以蘋果公司的發展軌跡為例，Apple II 在 1977 年推出，搭配 VisiCalc 軟體，銷售量猛升，大有制霸之勢。後繼產品 Apple III 在 1980 年 5 月 19 日推出，比 IBM 個人電腦早了十五個月，可惜這產品是個蹩腳貨，沒法散熱，經常死機。製造 Apple III 時使用了不成熟的電路板技術，因此問市後充斥著短路的問題，蘋果公司甚至還發布一項技術通報，教顧客把他們的電腦舉高三吋後往下摔，嘗試以這種方法讓從主機板上脫落的晶片再重新落回原位。雪上加霜的是，Apple III 售價高昂，從 $4,000 美元起跳，軟硬體全部裝好得花近 $8,000 美元。一年後，IBM 個人電腦問市，只需 $1,600 美元。

原本眼看著一個殺手級產品即將把蘋果公司推向近乎無法超越的地位之際，Apple III 卻搞出了大紕漏，釀成大失敗。不僅如此，由於蘋果掌控著作業系統，他們的微型電腦事業原本可以成為具有強大市場力量的事業，但這個事業卻從此一蹶不振。蘋果公司把起飛階段搞砸了，儘管他們還維持著一個像樣的事業，繼續當個創新領先者，但這些挫折使該公司在個人電腦市場上的市占率節節敗退，最終瀕臨死亡，幸得到賈

伯斯回歸後讓它起死回生。

卓越營運很重要，缺乏卓越營運，導致蘋果錯誤連連。至於英特爾及其微處理器事業，情形恰恰相反，我認為，若沒有「征服行動」，英特爾會錯失搭上 IBM 個人電腦的機會，也就沒有機會達到完全制霸的相對規模優勢。

「征服行動」也揭示靜態觀與動態觀的另一個顯著差異：領導力的角色。身為價值投資人，巴菲特是我欽佩的對象之一，在前文中我提到他的洞察：優秀的經理人鮮少能夠扭轉一個糟糕的事業（亦即沒有市場力量的事業）。我一再於新聞中見證巴菲特的這個公理，在事業已經回天乏術的情況下，事業領導人往往被嚴厲批評為管理能力糟糕，例如雅虎、推特、星佳（Zynga）。所以在建立市場力量方面，領導力非常重要。若不是安迪・葛羅夫堅定進取的領導，不可能有「征服行動」。再往前回溯，若非羅伯・諾伊斯的領導，英特爾甚至不會進軍微處理器事業。

總之，建立市場力量涉及很多層面：領導、時機、執行、機敏、運氣，全都扮演決定性角色。

▌結論：策略羅盤與七種市場力量

如同我在本書中一再強調的，策略學的最高目的是必須成為一個即時的策略羅盤。為實踐這角色，策略學必須被萃濾成一個既簡明、又不過於簡單化的架構。

本書的前七章，一塊磚、一塊磚地砌出七種市場力量架構，這是你的策略羅盤。本書的最後兩章解答「什麼？」及「何時？」這兩個疑

問，以釐清你正在用你的策略羅盤航行的領域。

有了這些思想與概念作為工具箱，現在你已經做好充分準備，可以開拓自己的路，實踐真言：**在重要市場上延續市場力量的一條途徑。**

這就是策略的意義，也是你的事業想要成功就必須做到的事。

▍市場力量動態學工具箱

我發展出來的策略學知識資本為「市場力量動態學」，七種市場力量是核心的統一架構。整個市場力量動態學以七個概念為基礎，並與這七個概念緊密關聯。

1. **價值公理**：策略學及策略的目的只有一個，就是將潛在的基本面事業價值最大化。

   【註釋】這是一個假說，不是證明。根據我的經驗，如此把策略學及策略的範圍縮窄，對這門學科的實用性大有幫助。請注意，我指的是基本面事業價值，不是推定價值。此外，這裡談的是潛在價值，為了實現這價值需要卓越營運。

2. **三個 S**。市場力量是實現持續差額報酬的潛力，這是創造價值的關鍵之鑰，若一個事業同時具有以下特質，就代表此事業已經建立市場力量：

   - **優秀（superior）**：改善自由現金流量。

   - **顯著（significant）**：現金流量的改善必須夠重大。

   - **可持續（sustainable）**：此改善必須能夠大致上免受競爭套利。

   【註釋】在本書中，我聚焦於〔效益面＋障礙面〕，這一

對一映射三個 S（優秀＋顯著＝效益及可持續＝障礙）。但是在實務中，市場力量的三個 S 檢驗有其增益作用，因為既然把「顯著」單獨挑出來說，就彰顯了「重大」的重要性。例如，很多事業宣稱有網路效應，更仔細檢視，這些網路效應不夠重大，因此沒有資格作為市場力量。

3. 策略的基本方程式：價值 $= M_0 g \bar{s} \, \overline{m}$。

【註釋】這個方程式譯成文字是：價值＝〔市場規模〕×〔市場力量〕。M_0 代表目前的市場規模，g 代表折現後的市場成長因子，$\bar{s}$ 代表長期平均市場占有率，$\overline{m}$ 代表長期平均差額利潤（償還資本成本後，多出來的利潤）。我發現，確切地把策略學概念和自由現金流量的淨現值綁在一起，可以遏止很多關於策略學與價值之間的模糊思想，也對身為主動型股權投資人的我很有幫助。這裡必須註明非常重要的一點是，$\bar{s}$ 及 $\overline{m}$ 是長期均衡值，這些東西的短期變動對基本面事業價值沒多大的影響。

4. 真言：在重要市場上延續市場力量的一條途徑。

【註釋】若你只想從本書汲取一句話，我希望是這句。這句真言完整陳述一個策略的所有要素，直接映射了策略的基本方程式，並且包含了動態學。儘管，市場力量本身就隱含了可持續性，這句真言仍然包含了「延續」一詞，目的是鼓勵隨著事業前進與發展時，繼續鋪設市場力量的不同源頭。

5. 七種市場力量架構。

市場力量			障礙（對挑戰者來說）			
			不願挑戰		無法挑戰	
			加上不確定性			
			附帶損失	獲取市場占有率的成本／效益	滯後作用	法令
效益（對握有市場力量者來說）	△成本	投入要素		規模經濟		壟斷性資源
		生產／通路規模		規模經濟		壟斷性資源
		生產／通路方法	反向定位		流程效能	壟斷性資源
	△價值（=> 價格↑）	較優的成果	反向定位		流程效能	
		情感向性		轉換成本	堅實品牌	
		不確定性		轉換成本	堅實品牌	
		效益來自其他用戶		網路經濟		

【註釋】就我所知，這張圖表中的七種市場力量是公司能採行的所有策略了，若你的事業相對於每一個競爭者（既有或潛在競爭者，直接或局部功能性競爭者）還不具這七種市場力量當中的至少一種，那麼你並沒有實踐真言，你的事業欠缺一個能生存的策略。職涯中我領導過兩百多個策略案例，這七種市場力量已經充足，我學生研究的案例（大約有兩百個左右）也顯示如此。

除了周延，七種市場力量架構還有另外兩個特性，增添其實用性：

- **縮窄範圍**。你應該思考的關鍵性策略疑問是:第一,「我的事業現在具有哪些種類的市場力量?」;以及第二,「我的事業現在應該建立哪些種類的市場力量?」。七種市場力量架構告訴你,第一個疑問的解答只有七種可能性,通常你可以快速排除幾個。市場力量進程告訴你,在任何一個事業成長階段,你可以探索的新市場力量頂多只有三種。這種縮窄範圍後再集中研究的方法,非常有助益,若你無法看出通往七種市場力量之一的途徑,代表你的策略問題尚未解決。

- **可觀察到事前之事**。通常,遠在可以作出詳細的預測之前,這些市場力量的潛力就已經相當明顯了。從我和處於矽谷早期階段的公司、以及考慮新方向的成熟公司共事的經驗中發現,在相當早期階段就能有意義地探討市場力量的潛力。[113] 我的投資成果也顯示,確實具有這種事前清晰度。

6. **跟風行不通:策略的第一原動力是發明。**

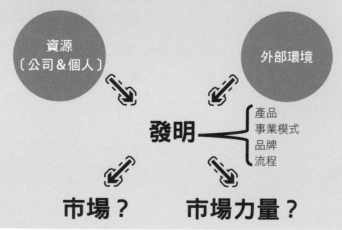

【註釋】價值的結構性變化發生於當市場力量首度建立、並具有一個可被接受的確定性時。檢視七種市場力量，我們可以看出這總是涉及一個發明，不論是產品、事業模式、流程、或品牌的發明。最終，這類發明得出效益，效益又表現在產品屬性上，可能是產品的性能與特色、產品價格或產品的可靠性。這種效益是否夠充足，其標識通常是「動人的價值」：能夠引起顧客「必須擁有」的反應。有三種途徑可以做到「動人的價值」：能力激發的動人價值、顧客激發的動人價值、競爭者激發的動人價值。這三種途徑中的每一種，都呈現明顯不同的戰術需求。

我認為，這些關係中也有一個重要的福祉含義。發明是通往市場力量的門徑，反過來說，取得市場力量的可能性也助燃了發明。舉例而言，若沒有取得市場力量的前景，我不認為矽谷會誕生。所以，從靜態觀點來看，追求市場力量可能看起來像是一場防止利潤流向消費者的零和賽局。但從動態學的觀點來看，取得市場力量的可能性是激發發明的一個重要誘因。唯有在顧客蜂擁而至之下，一項發明才能創造價值，當然，這種受歡迎及採用，證明此發明使消費者福祉增加，他們用腳思考就能投出支持票。所以能激勵政策制定者的，應該就是這種動態觀點。

7. 市場力量進程。

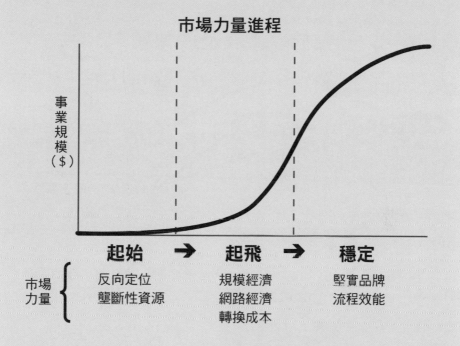

市場力量進程

事業規模（$）

起始 ➡ 起飛 ➡ 穩定

市場力量 {
起始：反向定位、壟斷性資源
起飛：規模經濟、網路經濟、轉換成本
穩定：堅實品牌、流程效能
}

【註釋】事業發展過程中，不同的市場力量代表在不同時期首度建立一種障礙的機會，知道機會之窗何時開啟及何時關閉，有助於辨識及掌握機會。起飛階段和穩定階段的分界點是，當年成長率下滑至大約30％至40％時。這是一個事業發展階段的劃分架構，切莫把它和產品生命週期階段（推出、成長、成熟、衰退）混淆了，二者的階段分界點大不相同。市場力量進程的起始階段可能包含產品推出之前的時期，產品生命週期不包含這時期。產品生命週期的成長階段包含市場力量進程的起飛階段及部分穩定階段。在評估市場力量的可得性時，這些差異很重要。

市場力量動態學工具及關係圖

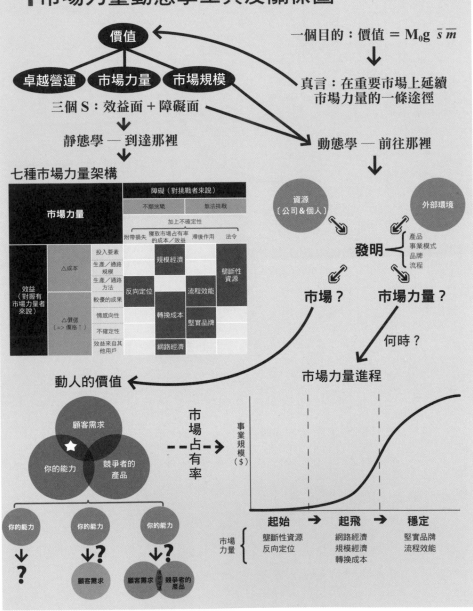

▌市場力量動態學詞彙表

詞彙	敘述
策略學（Strategy，大寫 S）	策略學是一門知識學科，有時稱為策略管理（Strategy Management），我對策略學的定義是：一門研究潛在事業價值的基本決定因子的學科。
市場力量（Power）	為創造出持久差額報酬潛力所需具備的條件。市場力量需要一個效益（能夠大大增加現金流量的條件），以及一個障礙（使公司用效益面創造的價值不會被競爭套利的條件）。
策略（strategy，小寫 s）	讓一個策略性區分開來的事業通往潛在價值的途徑。我對策略的定義是：在重要市場上延續市場力量的一條途徑。這個定義也是真言。
價值（value）	活動創造的基本面事業價值。這是事後反映業主的多期可得報酬（自由現金流量）。決定事前價值的是，投資人對這些多期報酬流量折現值的預期。
策略動態學（Strategy Dynamics）	研究隨著時間推移的策略發展情形。
策略靜態學（Strategy Statics）	研究在一個時間點上的策略地位。
產業（industry）	產品有高度互替性的眾多企業構成的一個群體。
事業（business）	策略上區分開來的一種經濟活動。我所謂的「策略上區分開來」，指的是此經濟活動的市場力量大致上與此公司從事其他經濟活動的市場力量互不相關。
市場（market）	可分配於一個產業中所有廠商的營收。
產業經濟特性（industry economics）	特定產業的經濟結構，例如，一個產業具有固定成本驅動的規模經濟，其衡量方式是固定成本相對於一家公司總營收的大小。
競爭地位（competitive position）	在與市場力量相關的衡量指標中，一家公司地位的表徵。例如，就規模經濟這種市場力量而言，競爭地位指的是一家公司相對於其最大競爭者的規模。

詞彙	敘述
領先者超額利潤（Surplus Leader Margin，SLM）	當定價使得不具有市場力量的競爭廠商利潤為零時，擁有市場力量的領先者可望獲得的利潤。這未必是一個期望的均衡狀態，但 SLM 是衡量具有市場力量的廠商在產業中的力量指標。若不具有市場力量的廠商因為競爭套利導致其獲利剛好等於它的資本成本，而具有市場力量的廠商的資本成本與不具有市場力量的廠商的資本成本相同，那麼，SLM 就是策略基本方程式的 $\overline{m}$（長期平均差額利潤）。
規模經濟（Scale Economies）	一個事業的平均每單位成本隨著產量增加而降低。規模經濟是七種市場力量的一種。
網路經濟（Network Economies）	一個事業的一位顧客獲得的價值隨著此事業的用戶數量增加而提高。網路經濟是七種市場力量的一種。
反向定位（Counter-Positioning）	新進者採行一種新的、較優的事業模式，在位者基於預期其既有事業將蒙受的損害，決定不仿效這新的事業模式。反向定位是七種市場力量的一種。
轉換成本（Switching Costs）	顧客預期若下次購買時轉換至另一家供應商的話，將發生的價值損失。轉換成本是七種市場力量的一種。
堅實品牌（Branding）	從有關賣方的歷史資訊，衍生出一些持久的屬性，這些屬性使得客觀上相同於競爭者的賣方產品具有較高價值。堅實品牌是七種市場力量的一種。
壟斷性資源（Cornered Resource）	以具吸引力的條件取得一項令人垂涎、能夠獨立增進價值的資產優惠渠道。壟斷性資源是七種市場力量的一種。
流程效能（Process Power）	深植於公司內、並促成較低成本及／或較優產品的組織與活動，只有長期努力才能做到。流程效能是七種市場力量的一種。
市場力量進程（Power Progression）	事業的發展過程可劃分為三個階段：起始、起飛、穩定。每一種市場力量的建立機會出現於不同的事業發展階段，市場力量進程繪出何時必須建立何種市場力量，指出機會之窗開啟的時間點，若不辨識及掌握這些時間點，極可能再也沒有建立市場力量的機會。通常，建立壟斷性資源及反向定位這兩種市場力量的機會出現於起始階段；建立規模經濟、網路經濟與轉換成本這三種市場力量的機會出現於起飛階段；建立堅實品牌與流程效能這兩種市場力量的機會出現於穩定階段。

致謝

本書萃取我從數十年的顧問服務、投資及授課經驗中學到有關策略學的重要啟示，這數十年間，我和許多有思想與見地的人互動，受惠於他們，因為人數太多了，無法在文中一一唱名致謝，我只能提及其中一些人，對於被遺漏者，我在此請求他們原諒。

首先，我必須感謝與我共同籌畫本書的史丹佛大學學者尹柏琳（Pai-Ling Yin，音譯），她是一位深富思想的策略學學者，我們的許多交談大大增益了我的思考。她曾經同意擔任本書的合著者，甚至撰寫了前二章的初稿，可惜因工作需求迫使她退出此計畫，儘管如此，她的許多洞察對撰寫本書影響深遠。

我的編輯布萊爾‧克羅比（Blair Kroeber）一路陪伴我，本書中沒有任何一段內容未經他仔細審閱。和他共事是很愉快的體驗，他的潤筆功力傑出，但同時又保留了我的原音，忠於我的邏輯。沒有他的協助，這將是一本不一樣的著作。

我受惠於多年來服務過的無數顧問客戶，他們提出的問題促使我深入探索與了解策略學。這數十年間，我對一些人印象深刻，他們提出的

問題總能激發思考，也特別與我意氣相投：Pinkerton 公司的丹尼斯・布朗（Denis Brown），John Hancock 公司的德里克・奇爾弗斯（Derek Chilvers），奧多比公司的布魯斯・齊增及布萊恩・拉姆金（Bryan Lamkin），Galileo Elector-Optics 公司的比爾・漢利（Bill Hanley），網飛公司的里德・海斯汀，明導國際公司的葛瑞格・辛克利，Hewlett-Packard 公司的約翰・邁爾斯（John Meyers），Markem 公司的吉姆・普特南（Jim Putnam），Raychem 公司的馬克・湯普森（Mark Thompson），Southwall Technologies 公司的鮑伯・威爾森（Bob Wilson）。他們個個都是共事愉快的人，其實務經驗及探索思考能力，幫助我用原本不可能的思考方式聚焦。

我在史丹佛大學的許多學生，展現出的敏銳、勤勉及熱忱時時激勵我，我特別要感謝大衛・舒（David Sheu）仔細分析了壟斷性資源的市場力量。向學生教授複雜的策略學是頗具挑戰性的工作，大大銳化我的概念。此外，許多學生參與我組織的多個研究小組，研究主題與本書密切相關，他們的努力大大增進了本書中提出的見解。能當他們的教師，帶給我很大的樂趣。

史丹佛大學經濟系也給了我很大的支持。不同於大學裡那些才華洋溢的同事，我沒有走上學術界成為經濟學家的這條路，但在這裡，我開設的課程受到經濟系的開明歡迎，他們讓我自由地以我認為合適的方式教學。我要特別感謝我在耶魯大學的同學約翰・肖文（John Shoven），他率先向史丹佛大學提出讓我在此校授課的想法，他最近從史丹佛大學經濟政策研究所（Stanford Institute for Economic Policy Research，SIEPR）主任一職退休，但他領導能力依舊留下深遠影響。我也想

感謝我初到史丹佛大學任教時的經濟系系主任賴瑞・古爾德（Larry Goulder），他的體貼支持，以及敞開心胸接受我的教學方式，讓我有了一個很好的開始。

我很幸運能在研究所畢業後，立即進入貝恩企管顧問公司工作，這項工作激發了我終身對策略學的熱情。對於一個擁有經濟學博士學位的人來說，這樣的職場軌道並不尋常，是當年從未有人走過的，比爾・貝恩（Bill Bain）為我的能力下賭注，我永遠欠他這份恩情。在初次面試這工作時，我和他討論我從其他面試官那裡聽到的一個疑慮，我沒有企管碩士學位，他的回答是：「別擔心這個，我也沒有企管碩士學位。」事實很快地證明，貝恩企管顧問公司對我而言是個理想的工作地，我周遭都是優異的同儕，在經驗豐富的老手指引下，我能夠沉浸於一個又一個令人著迷的問題，我現在在策略資本公司的夥伴約翰・羅斯福（John Rutherford）正是早年富有思想的嚮導。

耶魯大學有世界一流的經濟系，但也是一個極其人性化且友好的機構，在那裡，我有幸與值得仰賴的比爾・帕克（Bill Parker）成為朋友、導師以及最終論文的指導委員會首席。他是個很有深度的人道主義者，擁有富含洞察力的幽默機智，願上帝賜福在天堂的他繼續風趣歡愉。我也很感謝結識比爾・布雷納德（Bill Brainard），我在耶魯大學第一學期上了他的個體經濟理論課，他睿智及動人的教學在當時啟發了我，至今仍是，雖然我現在只記得鑲邊赫斯矩陣（bordered Hessian Matrix）的皮毛而已。

另外還有一些仁慈地閱讀本書並提供建議的人，他們完善了這本著作：巴克萊國際投資管理公司前執行長布雷克・葛羅斯曼及 iShares 前營

運長邁克・萊瑟姆（Mike Latham）閱讀反向定位該章；甲骨文前財務長（Jeff Epstein）閱讀轉換成本該章；Quantal International 董事會主席賴利・汀特閱讀第八章的附錄；皮克斯長片導演彼得・達克特閱讀壟斷性資源該章；明導國際公司執行長瓦力・萊恩斯（Wally Rhines）及 Spinoff & Reorg Fund 的投資經理伴比爾・米契爾閱讀有關英特爾的故事與分析；網飛執行長里德・海斯汀閱讀前言章；課思來共同創辦人暨總裁達芙妮・科勒為全書提供評論。我本身可能犯的任何錯誤，皆由我負責，與他們無關，但他們提供的洞察改善了本書的內容。

　　本書有一支模範製作團隊：1106 Design 負責至排版，麗貝卡・布魯姆（Rebecca Bloom）負責審稿，艾琳・楊（Irene Young）負責封面設計與網頁版面設計，凱瑟琳・艾弗斯（Katherine Evers，我在史丹佛大學的學生）負責展示。在本書很長的孕育期間，他們以慈悲心及專業精神各司其職。

　　本書一開始我將此書獻給家人，所以應該以向他們致謝來畫上句點。首先感謝我的太太拉利亞（Lalia），在我創設顧問公司而阮囊羞澀的那些年，總是持續鼓勵我，並且全力支持我一心一意地致力於推進策略學的概念。我們每一次渡假時，她都會確認渡假地有個安靜的地方能讓我思考，事實上，我是在墨西哥一處安靜的海灘上構思了七種市場力量架構！我的三個孩子也有重要貢獻。我的女兒瑪格麗特（Margaret）用熱烈目光看著本書的整體外觀，並提出她的美學洞察。我的兒子艾德蒙（Edmund）對本書中的圖表以及本書書名的副標題提供建議，我的兒子安德魯（Andrew）仔細閱讀整本書，標出無數的拼字錯誤，並且幫助精修幾處的推論。有他們的愛與支持，是我的福氣。

參考文獻

學術界有大量策略學的優秀著作，那圈子稱為「策略管理」。若讀者想探索這方面的論述，下列參考文獻提供不錯的起始點：

1. http://global.oup.com/uk/orc/busecon/business/haberberg_rieple/01student/bibliography/#m
2. http://www.nickols.us/strategy_biblio.htm
3. http://web.archive.org/web/20160308181736/https://strategyresearchinitiative.wikispaces.com/home

我尤其受到下列極具說服力的學者的影響：

- 加拿大麥吉爾大學教授（McGill University）亨利‧明茲柏格教授（Henry Mintzberg）：http://www.mintzberg.org/resume
- 哈佛大學教授麥克‧波特（Michael Porter）：http://www.hbs.edu/faculty/Pages/profile.aspx?facId=6532
- 加州大學柏克萊分校教授大衛‧提斯（David Teece）：http://web.archive.org/web/20171003001604/http://facultybio.haas.berkeley.edu/faculty-list/teece-david/

註釋

前言

1. 初始的公司名稱是 NM Electronics。

2. 不存在競爭套利行為「失靈」的現象（亦即市場參與者可以競爭套利），這是經濟學中的產業組織理論（Industrial Organization）的一個基本假設，產業組織理論研究不完全競爭市場中的個體行為。（譯註：在完全競爭市場，無法套利；套利行為發生於不完全競爭市場。）

3. 這個用詞是我在海爾默顧問公司（Helmer & Associates）的同事保羅·歐唐納爾（Paul O'Donnell）創造的。

4. 我很認同經濟學家加思·薩隆納（Garth Saloner）的結論，他說，賽局理論對策略管理的最重要貢獻是「隱喻」性的。他的意思是，賽局理論的基本假設（存在消息靈通程度、有充分動機的各種參與者，全都試圖追求他們的最大利益）必須成為策略管理的一個基礎假設。參見：Saloner, Garth.「Modeling, Game Theory, and Strategic Management.」*Strategic Management Journal* 12: Issue S2 (1991): 119–136. Print.

5. 我們看到的一公司市值，是這個股東價值再加上任何「額外」的資本（例如資產負債表上的非必要現金），再加以調整以反映股市目前的價格水準，把絕對值變成相對值。若現值公式把需要的初始資本當成一個負值項，那麼在計算市值時，也必須把這初始資本加回去。

6. 關於自由現金流量（FCF）的摘要說明，請見： https://en.wikipedia.org/wiki/Free_cash_flow#Difference_to_net_income

7. 演算出此公式，使用了一些可被接受的簡化假設。這公式的推導，參見前言章的附錄，從這推導就能明顯看出這些簡化假設。

8. 差額利潤是更重要的變數，因為差額利潤可能為正值、0、或負值，反觀市場占有率不是正值，就是 0，不會有負值市場占有率。不過，二者間也可能有微奧妙的消長，例如，一家公司可能為了改善長期的差額利潤而接受持續的市場占有率下滑，這是無保護的訂價傘造成的影響。

9. 策略的基本方程式是一個簡化式，因為它假設長期而言，s 及 m 是常數，這是市場力量的特性。在任何一個時點上，基本面事業價值是未來自由現金流量的期望值。隨著英特爾向前邁進一段期間後，競爭套利行為漸消的前景變得更清晰，$\overline{s}$ 和 $\overline{m}$ 的期望值也隨之改變。

10. 在制定一個策略時，不能只考慮既有競爭者，也必須考慮潛在競爭者。在經濟學中，這方法也有很長的歷史了。參見：Baumol, William J., Panzar John C., Willig, Robert D., Bailey, Elizabeth E., Fischer, Dietrich. 「Contestable Markets: An Uprising in the Theory of Industry Structure.」 The American Economic Review, Vol. 72, No. 1, (Mar., 1982): 1–15. Print.

11. 在第三章探討反向定位時，會考慮到其他事業單位對於決策的影響。

12. 「不過於簡單化」是「周延」的另一個用詞。想成為一個使用的認知指南，這個架構必須涵蓋近乎所有境況，略過一些罕見的境況，則是可被接受的簡化。若我們接受創造事業價值是任何事業的首要目標，那麼我們可以從數學公式得知，我提出的策略的基本方程式以及市場力量、策略學、及策略的定義是周延的。至於我斷言七種市場力量是一個全包、周延的理論，這斷言具有一個全然不同的特性：它是一種基於實證的陳述。這七種市場力量已足以涵蓋我作為策略顧問時處理過的所有案例，以及我的學生、企業界、及學術界處理過的許多案例。有可能不只七種市場力量，所幸，只需在未來添加上去即可，因為它們仍然必須符合策略的基本方程式及市場力量的定義。看看七種市場力量圖，很容易看出縱軸面向（效益面）是周延全包的——它就是正現金流量的驅動因子（如文中所述，有稍許的簡化）。至於橫軸面向（障礙面）的四類障礙，就是僅有的障礙種類嗎？我思考過這個，但這超出了本書的範圍。

13. 我想在此感謝耶魯大學的 William C. Brainard 幫助思考這個推導過程中的終值（terminal value）問題。當然，我的任何的錯誤，由我負全責。

第一章

14. 這裡涉及的市場力量種類是反向定位，參見第三章。

15. http://www.webpreneurblog.com/adapt-or-die-netflix-vs-blockbuster/

16. 網飛也面臨其他競爭者，例如從另一個不同角度進軍這個事業領域的家庭票房，網飛也需要針對它們的市場力量。面對家庭票房及其他類似的競爭者，網飛的市場力量來自反向定位，我將在第三章討論這個。

17. 為保持簡明，這裡不考慮改善現金流量的第三條途徑：投資需求減少。

18. https://finance.yahoo.com/

19. 《紐約時報》的一篇文章詳述了這其中的一些錯誤：http://www.nytimes.com/2013/04/27/business/netflix-looks-back-on-its-near-death-spiral.html?pagewanted=all&_r=0

20. 此方程式的推導，參見＜附錄 1-1 ＞。

21. 用經濟學的術語來說，二者都是內生的（endogenous）。

第二章

22. 經濟學文獻中有非常多關於網路經濟的探討論述，因此，我只作扼要探討。想要更深入探討的讀者，我推薦這本書：Shapiro, Carl, and Hal R. Varian. Information Rules: A Strategic Guide to the Network Economy. Boston: Harvard Business Press, 2013. Print.

23. 資料來源：http://www.ere.net/2012/06/23/branchout-keeps-falling-down-down/

24. 此公式的推導，參見＜附錄 2-1 ＞。

25. http://www.forbes.com/quotes/9638/

第三章

26. http://web.archive.org/web/20170106175056/https://www.vanguard.com/bogle_site/lib/sp19970401.html

27. http://web.archive.org/web/20160313142618/http://www.icifactbook.org/fb_ch2.html

28. http://www.icifactbook.org/fb_ch2.html#popularity

29. Levitt, Theodore.「Marketing Myopia.」https://hbr.org/2004/07/marketing-myopia. 這是一篇很棒的文章，助燃對於事業定義的長期、有見地的討論。資源基礎理論（Resource-Based View）的相關文獻對這個能力的缺乏有諸多探討。

30. Nelson, Richard R., and Sidney G. Winter. An Evolutionary Theory of Economic Change. Cambridge: Harvard University Press, 2009. Print.

31. 從策略基本方程式的角度來看，破壞性技術的概念告訴我們有關於這方程式的左邊部分（亦即市場規模），但沒有談及方程式的右邊部分（亦即市場力量）。

第四章

32. http://www.computerworld.com.au/article/542992/sap_users_rattle_sabers_over_charges_user-friendly_fiori_apps/

33. http://www.amasol.com/files/sap_performance_management_-_a_trend_study_by_compuware_and_pac.pdf

34. 「http://www.socialmediatoday.com/content/guest-post-back-popular-demand-basic-maintenance-offering-sap

35. http://web.archive.org/web/20160111053115/http://www.cio.com.au:80/article/181136/hp_supply_chain_lesson

36. https://finance.yahoo.com/

37. http://web.archive.org/web/20160111053115/http://www.cio.com.au:80/article/181136/hp_supply_chain_lesson

38. https://finance.yahoo.com/q/hp?s=SAP+Historical+Prices

39. Farrell, Joseph, and Paul Klemperer. 「Coordination and Lock-in: Competition with Switching Costs and Network Effects.」 *Handbook of Industrial Organization* 3 (2007): 1967–2072. Print.

40. 若轉換成本是透過客製化／整合至客戶的事業裡，客戶也可能認為現用產品的品質優於競爭者的產品的品質。在這種情況下，公司可以對品質較佳的產品索取較高價格，但競爭者無法以具有競爭力的成本來達到與之媲美的品質。

41. 在本書中，我使用「產品」一詞代表產品及／或服務。

42. Burnham, Thomas A., Judy K. Frels and Vijay Mahajan, 「Consumer Switching Costs: A Typology, Antecedents, and Consequences.」 *Journal of the Academy of Marketing Science*, 2003, 31:2, pp. 109–126. Print.

43. 請注意關係性轉換成本與堅實品牌（另一種市場力量）之間的差異：若廠商可以索取較高價格的能力，係因為顧客實際擁有此產品或服務之前，就已經對它具有正面情感向性，這是「堅實品牌」的市場力量。若廠商可以索取較高價格的能力，是源於顧客購買產品後的體驗，那就是「轉換成本」的市場力量。為克服轉換成本障礙，挑戰者可能需要設法創造「堅實品牌」這種市場力量，並創造出它能夠建立相似的正面關係體驗的聲譽，以取代顧客與目前的供應商之間的正面情感向性。

44. 在本書第十章，我將提出一個主張：起飛階段是建立轉換成本這種市場力量的階段。

這是基於以下這種動力所得出的結論：在起飛後，套利可能導致此效益消失，也就是說，不再具有轉換成本的市場力量。

45. https://en.wikipedia.org/wiki/List_of_SAP_products

46. https://en.wikipedia.org/wiki/SAP_SE

47. https://en.wikipedia.org/wiki/SAP_SE. 這些是從 1991 年至 2014 年。

48. https://en.wikipedia.org/wiki/SAP_SE

第五章

49. http://abcnews.go.com/GMA/Moms/story?id=1197202

50. 此處引用 http://www.tiffany.com/WorldOfTiffany/TiffanyStory/Legacy/BlueBox.aspx

51. yCharts.com

52. https://finance.yahoo.com/

53. http://investor.tiffany.com/releasedetail.cfm?ReleaseID=741475

54. Rusetski, Alexander. 「The Whole New World: Nintendo's Targeting Choice.」 *Journal of Business Case Studies* (JBCS) 8.2 (2012): 197–212. Print.

第六章

55. http://www.rogerebert.com/reviews/toy-story-1995

56. http://boxofficequant.com/23/ from data from www.the-numbers.com

57. 票房相對於影片成本，是一部影片的獲利力的衡量指標。當然，這張圖表只是國內票房，也未包含戲院上映票房以外的其他收入。

58. 達克特與本書作者的私人通訊。

59. Price, D. A. (2008). The Pixar Touch: *The Making of a Company. New York*: Alfred A. Knopf, p. 107. Print.

60. 以皮克斯有許多布萊德‧柏德這樣的例子，一位實力已獲證明的導演，加入皮克斯後，締造了他（她）首次的商業成功，那麼我們或許可以說，智囊團不是皮克斯的市場力量的源頭，應該有更深的源頭。但是截至目前為止，布萊德‧柏德的經驗是一個特例，因此我們不能做出這樣的結論。

第七章

61. https://en.wikipedia.org/wiki/Ford_River_Rouge_Complex

62. http://www.inboundlogistics.com/cms/article/the-evolution-of-inbound-logistics-the-ford- and-toyota-legacy-origin-of-the-species/

63. http://web.archive.org/web/20151224212051/http://www.thehenryford.org/exhibits/modelt/pdf/ModelTHeritageSelfGuidedTour_hfm.pdf

64. https://en.wikipedia.org/wiki/Planned_obsolescence

65. *The Economist*, July 17, 2015,「Hypercars and Hyperbole.」

66. Spear, Steven, and H. Kent Bowen.「Decoding the DNA of the Toyota Production System」*Harvard Business Review* 77, no. 5 (September–October 1999): 96–106. Print.

67. http://www.thisamericanlife.org/radio-archives/episode/403/transcript

68. https://Finance.yahoo.com/

69. 學術界中的策略管理。

70. Porter, M. E.「What Is Strategy?」*Harvard Business Review* 74, no. 6 (November–December 1996): 61–78. Print.

71. 如前所述,在第二部的策略動態分析,卓越營運對某些種類的市場力量非常重要。

72. Argote, L., and D. Epple.「Learning Curves in Manufacturing.」*Science* 247.4945 (1990): 920–24. Web.

73. 在這個例子中,所有公司呈現斜率相似的經驗曲線,這些經驗曲線彼此平行,曲線之間的差距代表它們在「經驗」上的差距。

74. Simon, Herbert A.「Bounded Rationality and Organizational Learning.」*Organization Science* 2.1 (1991): 125–34. Web.

75. Hughes, Jonathan R.T.「Fact and Theory In Economic History.」*Explorations in Economic History* 3, no.2 (1966): 75–101. Print.

76. Prahalad, Coimbatore K.「The Role of Core Competencies in the Corporation.」*Research Technology Management* 36.6 (1993): 40. Print.

第八章

77. 「市場力量＝效益＋障礙」,它是開放且周延的。我認為本書中的七種市場是周延的,這論點是一個基於實證的陳述:這七種力量涵蓋了我職涯中所做的每項策略工

作，以及我的學生研究過的所有境況。倘若未來有更多種類的市場力量出現，只需把它們添加上去即可，不論它們的特性如何，它們必須滿足效益＋障礙的要求條件，否則策略的基本方程式中的 m 將不可能為正值，也就無法創造價值。

78. http://www.inc.com/magazine/20051201/qa-hastings.html
79. 同上註。
80. http://techcrunch.com/2011/01/27/streaming-subscriber-growth-netflix
81. http://allthingsd.com/20100810/its-official-epix-netflix-announce-multi-year-deal-for-streaming-movies/
82. http://deadline.com/2011/03/netflix-to-enter-original-programming-with-mega-dealfor-david-fincher-kevin-spacey-drama-series-house-of-cards-114184/
83. http://www.nytimes.com/2015/04/20/business/media/netflix-is-betting-its-future-on-exclusive-programming.html?_r=0
84. https://en.wikipedia.org/wiki/List_of_original_programs_distributed_by_Netflix
85. https://Finance.yahoo.com/
86. Mintzberg, Henry. Crafting Strategy. Boston, MA: Harvard Business School Press, 1987: 65–75. Print.
87. Porter, Michael E. 「Towards a Dynamic Theory of Strategy.」 Strategic Management Journal 12.S2 (1991): 95-117. Web.
88. 在第一章，我使用經濟學家的「內生」一詞來描繪產業經濟特性，意味的是，事業本身可以影響它，而不是視它為超出自身事業的控管範圍。串流事業就是一個好例子，網飛改變了產業經濟特性，所有這個領域的廠商都必須面對這些條件。
89. 我在＜圖表 8-4 ＞中用虛點外框箭頭符號，代表這是可能性，不是保證：〔資源＋外部環境變化〕可能會、也可能不會激發發明，發明可能會、也可能不會引領出市場力量。網飛大有可能決定不進入串流業務領域；或者，他們可能進入這個領域，但沒有做原創內容這一塊。
90. 這個用詞是我在海爾默顧問公司的同事鮑伯‧曼茲（Bob Manz）創造的。
91. 不同於本書前面的討論，這裡的價值指的是顧客的價值，不是供應產品／服務的公司的價值。不過，們可以在「動人的價值」（顧客價值）的定義中納入一個條件：定價使得公司可以獲得具吸引力的利潤，這樣就能同時實現效益面的公司價值了。
92. Grove, Andrew S. Only The Paranoid Survive. New York: Currency Doubleday, 1996. Print.

93. 本書作者訪談奧多比公司資深工程副總鮑伯‧伍爾夫。

94. *Business Week*, May 25, 1998， 引 用 出 處 http://web.archive.org/web/20160714041810/http://archive.wired.com/gadgets/mac/commentary/cultofmac/2006/03/70512?currentPage=all

95. Hecht, Jeff. *City of Light: The Story of Fiber Optics*. New York: Oxford UP, 1999. 139. Print.

96. 我訪談舒爾茲博士有關這項發明。現在彼得家中仍留有這歷史性的光纖樣本。

97. Nathan, John. Sony: *The Extraordinary Story behind the People and the Products*. London: HarperCollinsBusiness, 1999. 304. Print.

98. Burgelman, Robert A., and Grove, Andrew S. *Strategy Is Destiny: How Strategy-Making Shapes a Company's Future*. New York: Free, 2002. Print.

99. Alpha 係指經過適當的風險調整後，投資報酬高於只投資於「大盤」的報酬。

100. 這 22 年期間包含了，我的股權投資為專有帳戶投資以及為我創辦的策略資本公司（Strategy Capital）投資的這兩個期間，另外有兩個期間是我完全退出公募股權的期間，我沒有把這兩個期間的投資包含進去，若把它們包含進去，將提高我相對於標竿的報酬率，因為那些進出的決定時機都非常好。

101. 當然啦，若複利計算，這些報酬率會更高。在這段期間，我的投資資產組合價值增加615.9 倍，S&P 500 TR 增加 12.1 倍。

102. 我的投資資產組合沒有融資槓桿操作。

103. 這機率是持股抽樣評估：「在 1994 年至 2015 年投資期間的所有持股抽樣中，有多少比例的抽樣在不同持股期間的報酬率輸給大盤？」

第九章

104. 另一個同樣具有啟示作用的對照組例子是，IBM 的主機型電腦事業 vs. 個人電腦事業，前者具有市場力量，後者沒有。

105. 想獲得更多了解的讀者，我推薦《英特爾鐵三角》（*The Intel Trinity*）一書，我扼要敘述的英特爾故事大量取材自這本書：Michael Malone. Malone, Michael. The Intel Trinity: *How Noyce, Moore, and Grove Built the World's Most Important Company*. HarperBusiness, 2015. Print.

106. https://en.wikipedia.org/wiki/IBM_Personal_Computer

107. https://Finance.yahoo.com/

108. 在此感謝明導國際公司的執行長瓦力‧萊恩斯及詹范德米契爾資本公司（Gemfinder and Mitchell Capital）的比爾‧米契爾（Bill Mitchell）對英特爾的市場力量來源的精闢分析。

109. 米契爾與本書作者的私人通訊。

110. http://jeremyreimer.com/m-item.lsp?i=137

111. 壟斷性資源也可能在起始階段之後才出現及起作用，例如，在後面階段做到的一些流程創新可能申請及獲得專利，或是被視為商業機密而保護起來。不過，這些大多無法通過顯著性檢驗，它們對報酬的貢獻通常是增量的，因為基本重要的地位往往已在更早階段被競爭套利掉了。

112. 若市場大，在起飛階段的事業規模擴大時程可能很長，因此在這階段就已經發展出夠複雜或晦澀而難以被仿效的流程。

113. 〈附錄 8-1〉討論的投資成果，其背後也有這種特性的支持。

NOTE

7 大市場力量：商業策略的基礎
7 Powers: The Foundations of Business Strategy

作者	漢米爾頓·海爾默（Hamilton Helmer）
譯者	李芳齡
商周集團執行長	郭奕伶

商業周刊出版部

總監	林雲
責任編輯	潘玫均
封面設計	林芷伊
內頁排版	点泛視覺設計工作室
出版發行	城邦文化事業股份有限公司 商業周刊
地址	104 台北市中山區民生東路二段 141 號 4 樓
	電話：(02) 2505-6789　傳真：(02) 2503-6399
讀者服務專線	(02) 2510-8888
商周集團網站服務信箱	mailbox@bwnet.com.tw
劃撥帳號	50003033
戶名	英屬蓋曼群島商家庭傳媒股份有限公司城邦分公司
網站	www.businessweekly.com.tw
香港發行所	城邦（香港）出版集團有限公司
	香港灣仔駱克道 193 號東超商業中心 1 樓
	電話：(852)25086231　傳真：(852)25789337
	E-mail：hkcite@biznetvigator.com
製版印刷	科樂印刷事業股份有限公司
總經銷	聯合發行股份有限公司　電話：(02) 2917-8022
初版 1 刷	2022 年 1 月
初版 4.5 刷	2024 年 4 月
定價	420 元
ISBN	978-986-5519-81-0

國家圖書館出版品預行編目 (CIP) 資料

7 大市場力量：商業策略的基礎 / 漢米爾頓 . 海爾默
(Hamilton Helmer) 著；李芳齡譯 . -- 初版 . -- 臺北市
：城邦文化事業股份有限公司商業周刊 , 2022.1

　　面；　公分

譯自 : 7 Powers : the foundations of business strategy

ISBN 978-986-5519-81-0(平裝)

1. 商業管理 2. 企業策略 3. 策略管理

494.1　　　　　　　　　　　　　　110016039

金商道

The positive thinker sees the invisible, feels the intangible,
and achieves the impossible.

惟正向思考者，能察於未見，感於無形，達於人所不能。 ── 佚名